練習被看見

在別人看不到的地方努力，在別人看得到的地方閃閃發光

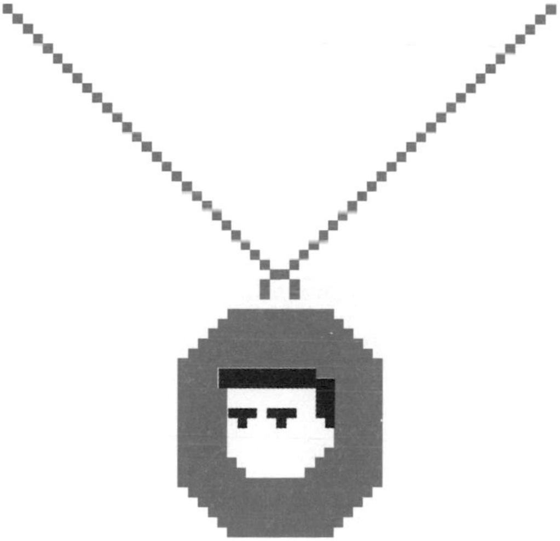

徐多多・著

前言

在職場，把時間和精力花在哪裡是看得見的

你總是猜不透，老闆到底在想什麼，為什麼他看起來那麼普通，卻可以那麼有自信；你總是不理解，明明是好心幫同事的忙，為什麼最後背黑鍋的卻是自己；你總是聽不懂弦外之音和話外之意，一度懷疑自己是重度社交恐懼症；你總是滿腦子問號，別人掌握技能是查漏補缺，怎麼輪到自己就像女媧補天。

你也一肚子委屈，企劃案改了十版，最終用回第一版；設計圖改到凌晨，結果被批評得一無是處；一個專案進行好幾個月，最後被同事搶了功……每天的工作就像一團亂麻，到處都有解不開的小疙瘩。

人類的悲歡離合並不相通，但職場人的心酸歷程一定可以同感。即使工作多年，也

會因為要接聽老闆電話而忐忑不安；會因為要接待客戶而內心惶恐；會因為即將輪到自己發言而心跳加速，聲音顫抖；會因為猛吃螺絲的報告想找地洞鑽；會因為群組裡沒人回應而感到尷尬；會因為群組裡太多人回應而不知所措……

曾夢想仗劍天涯，後來因為工作忙沒去，於是每天在上班路上奔波勞累。下班頭昏眼花地走出公司大門，腦子裡只剩下疑問三連發：我是誰？我在哪？我做了什麼？

偶爾你也懷念曾經神采奕奕，渴望在職場發光發熱的自己，但每天都被爆擊到精神渙散，你覺得自己太微不足道。

其實你很了不起，從學生到職場人的身分轉變，其難度和重要程度具有劃時代的意義，堪比人類第一次登月。此刻的你，被迫放棄過去那個風生水起的角色，要從老師口中聽話的學生，變成獨當一面的職場人；要從父母眼中的乖寶寶，變成無堅不摧的職場人。

你會焦慮，是因為你一邊恨自己安於現狀，一邊又偷偷原諒自己。你會不開心，是因為你對工作的渴望，就像不想工作一樣真誠，卻又明確地知道：一日不工作，確實面目可愛；但三月不工作，薪盡自然涼。

你會有那麼多掙扎，是因為你討厭工作中雜七雜八的任務，但又喜歡它帶給你的成就感；你討厭工作讓你出糗的時刻，但又喜歡它帶給你的相對自由；你討厭重複的工作內容，但又喜歡它帶給你的物質回饋。

「五」的定律告訴你，如果一件事五年後對你來說什麼都不算了，那你就不值得再花五分鐘為之苦惱；五的定律還告訴你，如果你每天工作總是敷衍了事五分鐘、渾水摸魚五分鐘、娛樂八卦五分鐘、負面抱怨五分鐘……那五年後你就會發現，你荒廢掉的不是老闆付出的薪水，而是自己的時光。

在這麼好的年紀，本應該成為長線投資者候選人，別因為對自己的事業規劃過於短視，對未來的發展缺少前瞻性和全面性，局限在陳舊的人生理念上，導致一步選擇錯，後面步步錯。

有時不是別人錯了，而是你自己懂得太少。在「加班即正義」、「唯業績馬首是瞻」等殘酷規則下，是否應該對自己的人生多一點理性思考？憑一己之力改變現狀不現實，不如想辦法打造自己的職場適應力。

在職場，把時間和精力花在哪裡是看得見的。

有的人在零碎時間裡關注行業發展，有的人拼湊起週末時間考了含金量很高的專業證書，也有的人只累積了一肚子的辦公室八卦。

職場人走出的每一步路，最終刻畫出了自己的事業線。上升還是下降，由你決定。

成長的必然就是，有些人已經藏不住喪氣，有些人則生怕自己的熱血流失，但你不必強求自己在二者之間做出選擇。在挫折面前，你害怕過，但也知道，最壞的都見過了，還有什麼好怕的，把擅長的那件事做到極致，其他時候請放過自己。

在質疑面前，你退縮過，但拒絕「用嘴改變一切」。讓別人閉嘴最好的方式，不是你妙語如珠，讓他插不上話，而是你把最好的結果呈現，讓他想雞蛋裡挑骨頭都挑不出。

在人情面前，你吃過啞巴虧，但學會了不撒謊，不挖坑，不傷害同類。與人為善，並不意味著要隨時替別人背黑鍋。你要能慧眼如炬看穿劇情外的戲碼，也要真誠待人交到真心朋友。

在衝突面前，你對抗過，但不再無腦叫囂，而是放下內心那九十九次想跟老闆對著幹的衝動。時間是檢驗成果的唯一標準，鳳凰與小雞的裂變，就在下一次升職加薪之時。

在誘惑面前，你動心過，但學會了不貪戀，因為想過美好的生活，所以追求物質，但不以金錢為行事和三觀的唯一準則。

在利益面前，你伸手怕犯錯，縮手怕錯過，但學會了守住底線，因為想實現自身價值，所以會上進，但也會和老闆談條件，不被一些大餅話術套牢，不被所謂的規則綁架。

在選擇面前，你遲疑過，但也學會了逼著自己成長。因為喜歡，可以全心全意投入在熱愛的事情上；因為討厭，可以一腳踹開垃圾人、垃圾事，就算要付出代價，也要與和自己本質有別的存在切割。

當你從工作本身著手，修煉自己的核心能力，自然就能獲得別人的關注；當你透過行動斬獲成果，自然就能得到周圍人的稱讚與誇獎；當你從普通職場人蛻變成為菁英，自然就有人願意找你建立人脈。

人是因為想要厲害才會一直辛苦，那些年你跌過的坑，踩過的雷，吃過的虧，摔過的跤，犯過的錯，都會成為智慧的營養液，關鍵時刻的免疫力。

所謂歲月靜好，不過是咬牙堅持，又保持微笑；所謂未來可期，不過是仰望星空，又低頭幹活；所謂人間值得，不過是勇於乘風破浪，又甘願悄悄發光。

對世間一切報以無所謂的態度是輕鬆的，真正困難的是如何勇敢地介入其中。工作這件事，既然推不了，逃不掉，不如全力以赴做好它。

即使身處「薄情」的職場，也要充滿熱愛地幹下去。
有一點韌性，再苦再難也別輕易放棄。
有一點狠勁，拚死拚活也要完成這個月的業績。
有一點自信，心頭有力，手上有藝，見招拆招，填坑排雷。
有一點熱愛，面對複雜真相，保持歡歡喜喜。
有一點任性，生活是苦難的，你又划著你的斷槳出發了。
還有一點可愛，這世界也許沒有感同身受，但週五的快樂是相通的。

哪裡需要遠離凡塵，工作本身就是一種修行。到最後你會發現，事業才是你的光，其他都是沾光。當你錢包裡有錢，就不會為五斗米折腰；當你肚子裡有墨水，就能分清善惡美醜；當你眼裡有世界，就會少走許多彎路；當你有了決心，就可以堅持對的方向。

你只管種自己的花，愛自己的宇宙，發自己的光。上班就埋頭做事，做決策殺伐決斷；下班就投身藝文，閒時去書展、音樂會養眼、養心。

讓我們各自努力，最高處見。如果無法見到你，那麼祝你早安，午安，晚安。

目錄

目錄

目錄

目錄

練習 1

定義成熟

——成熟是越來越能夠接受現實，而不是越來越現實

你賺到的每一分錢，都是你對這個世界認知的變現；你虧掉的每一分錢，都是你對這個世界認知的缺陷。

多問自己幾個為什麼

職場人的兩副面孔：

工作前：「好歹也是不錯的學校畢業，做些打雜的工作太無趣了。」

工作後：「要是每天的工作只是影印文件，不用動腦子，也不跟人打交道，薪水還照發，那有多爽……」

前兩天和朋友們聚餐，談起職場裡左右逢源的人到底是招人喜歡，還是遭人恨。有個朋友說，真巧啊，她表妹最近被這樣的人氣壞了。朋友的表妹芯芯剛剛大學畢業，在一家培訓機構做行政工作，公司為了讓她迅速熟悉業務，替她安排了一位前輩做搭檔。說是前輩，其實只比芯芯大兩歲，勝在業務熟練。就是這位搭檔，讓芯芯極度瞧不起。

芯芯是一個脾氣很倔強的女生，凡事都要爭出是非對錯，遇到不合心意的，一定要提出來。

但那位搭檔是一個處事非常圓滑的人，而且還很好說話。主管提出方案，馬上執行，從來不會提出反對意見；同事提出要求，也是來者不拒，即使那個要求很過分，也全力配合。不管是列印檔案，還是幫忙取快遞，他統統照單全收。

對客戶更是極盡討好，就算被折磨到崩潰，也依然能微笑面對，心甘情願做出調整。反正不知道內心是否真的認同，但是表面上永遠和顏悅色。

這樣的人，自然在職場順風順水。可是在芯芯看來，簡直是丟臉，她曾勸過那位搭檔，要他別那麼沒原則，而他總是笑著說：「沒關係的。」芯芯越來越覺得這位搭檔毫無尊嚴，盲目滿足別人，委屈自己。這就是典型的討好型人格，芯芯非常鄙視他。

我們一邊聽著朋友的描述，一邊相視而笑，果然是剛畢業的學生，真是單純又可愛。

朋友說，聽芯芯吐槽完，就問了她兩個問題：「請問這幾年你因為自己直來直去的性格吃了多少虧？請問你那位搭檔工作做得怎麼樣？」芯芯當時愣住了。

當天晚上，芯芯傳訊息給朋友，說：「姐，我真的太傻了，如果不是你說，我都沒有意識到自己闖了多少禍。和客戶談事情，明知道對方不喜歡，一定要爭出是非對錯；和同事往來，經常看不慣別人的所作所為，還強烈要求人家改變。所以鬧到和客戶吵翻天，同事關係也劍拔弩張。」

最後芯芯說：「我那位搭檔，也不是沒有立場，工作上既仔細又認真。我總算明白了，別人不和我計較，只是不想理我。」

工作中，最「學生理想」的說法就是：你應該這樣，你應該那樣，你應該……很多人畢業後，滿腦子都是理想念頭，認為社會太殘酷，職場太冰冷。總覺得「應該這樣那樣」，卻不多問自己幾個「為什麼」。

忽略客觀事實，僅憑強烈的個人情感來看待別人和世界，所以經常在價值觀上有碰撞，久而久之就會變成：每天不能開開心心上班，生活好像失去了方向和意義。

成年人的世界，處處充滿了妥協。生活中需要考慮的因素太多，不像做數學題有最快的解題路徑，兩點之間並非直線最短。小孩子才糾結對錯，大人只談利弊。

別人不和你爭對錯，不是別人錯了，而是你懂得太少

很多時候人際關係的煩惱在於：沒辦法在是非對錯問題上和大多數人達成和解，又因為個人喜好和原則問題而不願與人為伍。目前既沒有脫離不喜歡的人的實力，又沒有容忍別人的耐心。

你會因為一部電影的結局是否合理，跟人爭得面紅耳赤，寸步不讓；也會因為一道菜的鹹甜口問題和陌生人在網路上展開論戰，鍵盤差點敲碎。

你以為一千個人眼中有一千個哈姆雷特，他們只會在生存還是毀滅的問題爭論不休，但其實，一千人眼中往往只有兩個哈姆雷特，一個是他們的想法完全一樣，另一個就是胡說八道。

與不在同一個頻率上的人溝通到底有多費力，親身經歷過的人都懂，就好像《一簾幽夢》中，楚濂對綠萍說：「你只是失去一條腿，而紫菱呢？她失去的可是自己的愛情！」

這世界上有的人忙著進步，有的人永遠只有情緒，這就是人與人之間最大的差別。

有的人拚命觀察世界，弄清楚其中規律，然後得到自己想要的，快樂幸福地去玩耍了；有的人拚命觀察世界，想要弄清楚豬八戒他老丈人的三叔的兒子的二嬸家隔壁那個賣豆腐的西施，三天前到底有沒有去村口賣豆腐……

我認識的一對夫妻因為買房子的事，鬧到差點離婚。

妻子想買透天厝，理由是，房子空間大，環境也舒適，以後萬一想要生第二胎，孩子們活動空間也大。而在丈夫看來，明明現在的三房兩廳也夠住，無非是因為這幾年賺了一點錢，妻子就開始愛慕虛榮了，不考慮實際情況，只注重面子，太膨脹了。夫妻倆因為這件事，吵鬧了好一陣子。

妻子不理解丈夫容易滿足的心理，丈夫不認同妻子對更高生活品質的追求。真正的問題不在房子坪數，而是觀念，關係再親密也可能有無法溝通和交流的時候。

月薪三萬的人無法理解創業的人在忙什麼，喜歡享樂的人無法理解悶頭鑽研學問的人在忙什麼，選擇小城市安逸生活的人也無法理解在大城市漂泊的人在追求什麼。

有人喜歡喧嘩與騷動，就有人喜歡安靜與祥和，很多事情只是不同，並無是非對錯。人非要感同身受過，才能體會到相同的痛，或者有過類似的覺醒體驗，而這卻是非常罕見的。於是，那些聰明的人在遇到無謂的爭辯時都不在乎輸贏，或者願意讓你贏來避免爭吵。

最厲害的人，能迅速做出判斷，隨時調整自己與外界溝通方式。遇到大事，心中有數，不會因為別人的三言兩語就動搖。他們知道，做成一件事的重點不是辯論，而是把事情做成。

以前看過一句話：「如果你和某個人相處得非常愉快，拋出的梗對方都能接，交流沒有任何不適，最大可能並不是因為你遇見了知己，而是這個人情商、閱歷極高，他在向下相容你。」

別人不和你爭對錯，不是別人錯了，而是你懂得太少。不要錯把別人的遷就當詞窮，把別人的客氣當賞識。和你站在同一高度的人，才會與你爭辯眼前所見；站在高處俯瞰你的人，只會笑而不語。

越是強大者，越是沉默，因為他們不需要證明自己的強大；越是弱小者，越是激進，因為他們急於證明自己，來掩飾弱小。

聰明的人，看似在極盡討好，其實只是把「討好」當成手段，來快速實現自己的目的。它更像是戰術性逃避，當據理力爭無法提供價值，聰明人會選擇節省力氣，不硬碰硬。

明白底線所在，在進退間遊刃有餘

左右逢源是一種處事方式，絕不是是非不分，對錯難辨，而恰恰是知道底線在哪裡，才會在進退之間遊刃有餘。但有些事我們堅持據理力爭，爭執是非對錯，是因為我們不能把這個世界讓給那些肆意破壞規則的人。

大鵬前段時間把心愛的古董車送去朋友的店裡保養，他平時很少開，所以車子狀況還不錯。以為只是簡單小修小整一下，沒想到要一萬多元的維修費，誰叫自己喜歡呢，修吧。

取車時，維修人員說發現他車子的火星塞有點老舊了，問大鵬要不要更換。大鵬一想，既然修了，也不差一個火星塞，就同意了。

維修人員說自己手裡有一個原廠的火星塞，比店裡貴，如果他要的話，明細上還是正常寫店裡的那一款。

大鵬很疑惑：「什麼意思？這個原廠的火星塞不是店裡的？」

「原廠的是我朋友的，你這款車，能找到原廠的就算是有燒香了吧。」

大鵬覺得這事不太可靠，就拒絕了，仍然選擇了店裡的火星塞。維修人員也沒再說什麼，只是請大鵬當作沒聽過這件事。

大鵬回家之後，越想越不對勁，他不知道應不應該告訴朋友，萬一朋友本來就知道呢，但朋友不像那樣的人啊……最後，他還是決定把這事告訴朋友。朋友聽完大驚，說馬上去調查。

後來，朋友告訴大鵬，這不是那名維修人員第一次幹這樣的事了，他已經開除了那名維修人員，並且報警了。

大鵬問：「就沒有其他車主反映這事嗎？」

「有的車主覺得價錢適合就同意了，有的沒當回事，聽完就算了。」

大鵬說：「我是不是太認真了？」

「幸虧你是個認真的人，不然我這小店早晚得出事。我的店面不大，但也絕不能幹損人不利己的事。」

好人總是適應世界的規範，而壞人總是試探世界的底線。所有被磨平的稜角，變得冷漠涼薄，都是有跡可循的。是一次次自己鳴不平，卻反被譏笑的時候；是控訴不公平，卻反被找麻煩，無人聲援的時候；是勇敢發聲，卻被惡意報復的時候；是惡人當道，好人卻紛紛沉默的時候。

有人說凡是涉及合作和交流的關係都特別複雜，好像一開始大家都有契約精神，只是先有一個人打破了契約，受到傷害的人心灰意冷，於是心中殘存的信念也不復存在了。

我倒認為，無論是企業經營還是人際交往，再複雜也逃不過「堅守原則」幾個字。企業經營，不因為店大就欺客，真誠對待每一位顧客，就會留下長遠而良好的口碑；商業合作，不損人利己，人品可靠，一定會實現互利共贏；人際交往，不虛情假意，以誠相待，遲早會收穫友誼。

大家都很聰明，會權衡利弊，但有些時候，反而需要一些底線，即使是很微小的事情，只要涉及原則問題，就應該寸土必爭、寸步不讓。

人與人就是不同價值取向的不斷碰撞和吸引，能並肩走到最後的一定是能量持續吸引且懂得充分尊重對方原則和底線的人。

有原則的人，看起來心很硬，其實他們在真正在意的事上，目標確鑿，立場堅定，絕不搖擺。知道什麼事情能做，什麼事情不能做；知道什麼事情該做，什麼事情不該做。這樣不僅是保護自己，也確定了為人處世的基本底線。軟弱的人無論如何都無法得到想要的人生，追求幸福必須心如鋼鐵。

你可以不懂人情世故，可以不去研究人際交往當中的模式或技巧，但要成為那個在大是大非面前不會左右搖擺的人。成熟是越來越能夠接受現實，而不是越來越現實。

我們堅持不主動惹事，但事情上身也絕不會怕事。短期來看，這樣做會得罪朋友、同事、主管，但長期看，堅守原則能讓你活得更加真實透徹，別人也願意把你當作值得信賴和依靠的合作夥伴。

能讓你走得更遠的，永遠都是這些正面的東西，而不是那些負面的東西。

羅曼．羅蘭的英雄主義境界太高了，不那麼容易做到。但當面對污濁無能為力時，你還能拚盡全力爬出來，讓自己能更乾淨一點就夠了。

練習 2

管好玻璃心

——工作重地，玻璃心請三思而後行

今天加班，做完工作實在無聊，同事飛奔而來說：

「有一個壞消息和一個好消息要告訴你，想先聽哪個？」

我說：「壞的。」

同事說：「壞消息就是沒有那個好消息。」

我問：「那好消息呢？」

同事說：「好消息就是沒有那個壞消息。」

工作就像盲盒，不一定抽到有趣的

在職場，情緒穩定真的太重要了，做老闆的情緒穩定，員工才不會每天活在恐懼中；員工情緒穩定，才能全身心投入到工作中。

當然，情緒這個東西太難控制了，聽到喜歡的話時，麻痺了思考；聽到不愛聽的話時，輕易升騰了怒意。但一個合格的職場人不會任由它如脫韁的野馬，肆意踐踏，寸草不生。

我一直以為，自己已經算是一個成熟的職場人了。遇事完全可以寵辱不驚，閒看公司八卦是非；喝杯咖啡，敲擊鍵盤文如泉湧。

前幾天遇到了一個蠻不講理的客戶，從合作開始就精準踩到了我們的地雷，但因為他是大老闆的朋友，我們不會把他怎麼樣。

他經常在群組裡發一些不太禮貌的語音訊息，把我們部門小助理氣得要爆炸：「太過分了吧！」說著要拿起手機開罵。

這要是換作當年脾氣暴躁的我……也是絕對不敢罵的，最多只是私底下吐槽。現在的我很平和，也很平靜。我對小助理擺擺手，要她平復一下心情，就回了一行字：可以的，沒問題。

我上司瑞秋全程觀戰，微笑著點頭給予我讚許。

我當時心裡想得很簡單，都撐過這麼長時間了，絕對不能在臨門一腳時出什麼岔子。可是該客戶竟然打電話向我們大老闆告狀，說我們很不專業。

當瑞秋回來告訴我們這個消息時，我當時真的暴跳如雷，怒聽甲方顛倒是非；摔杯為號，腦內上演造反劇情。幸虧小助理把我按住了，不然我肯定會氣死。

事實證明我的成熟是裝的，從瑞秋對我無奈地搖頭看出來的。

想到責任，想到和我一起並肩作戰多日的小助理，我心裡的那股惡氣漸漸散去了，忍著偏頭痛按要求改了。

心裡默念：我們都是成熟的職場人，不能因為一點委屈就爆炸，然後玻璃心碎一地。

職場人的自我修養，就是可以在八小時內，控制住自己的情緒。

以前有一個同事，超級愛抱怨。你要說他對工作敷衍了事，還真不是，每次都能完成的很好。但總是在答應做之前先發發牢騷，表達自己的不滿。

有時快要下班了，同事去找他，他就不耐煩地說：「你看看幾點了，之前在幹嘛！不做了。」

同事賠著笑臉：「麻煩你了，真的急著用，謝謝。」

他依然不耐煩：「不行不行，我可不想留下來加班。」

同事繼續賠著笑臉：「求你了，如果明天不交給老闆，我會被罵的。」

然後他才說：「真是的，每次都這樣，這次幫你做，但不可以有下次。你們不能總是這樣，我也是人，也要休息……」

很多人覺得這樣不是什麼問題，但你想想，經常和這樣的人共事會舒服嗎？

很多時候你沒得選，既然不能選，那不如痛快接受。畢竟擺著一張臉的話，一點好處也得不到。大家都是來工作的，不是為你的情緒買單的。管理好自己的情緒，別發火、別生氣、別抱怨，家庭的壓力、生活的壓力，不要發洩在職場中。

好情緒，是一個人身上最好的品格，能轉敗為勝，轉危為安；壞情緒，則容易讓人把事搞砸，誤入歧途。

有時候壞情緒的產生，不是因為抗壓能力弱，而是壓力太大了。我解壓的方式，還滿俗的——靠買東西。被這個欺負了，買一支口紅；被那個壓榨了，買一條手鏈；被另一個甩鍋了，就去買……

最近衍生出了新愛好：買盲盒。買盲盒的一大快感就是未知帶來的一半是海水，一半是火焰的感受。那真是極致的痛苦和歡樂，因為不知道會不會抽到雷，這片刻能選擇驚喜的歡樂是十倍的；但這點歡樂也會隨時摻雜著痛苦，好像最渴望的那一款就在某一個盒子裡，但你不停地搖晃和篩選，就是怎樣都抽不到，是真的會抓狂。有時連續拆三盒，也沒有想要的影子。

工作就像一個盲盒，為什麼總是選中無趣的那一個？因為工作中有趣的東西和盲盒開到隱藏款機率是一樣的，都不一定有。

然後，我徹底解壓了。朋友們，為工作生氣不值得，原本工作時間就壓縮了我們能掌握的個人生活時間，再把工作中的生氣帶到生活裡真的不值得。

工作就像是發酵的麵團，不斷膨脹，擠壓所有的空間，你不把工作擠回去，它就會吞噬你。就讓我們工作時當好工作機器，閒置時間交給快樂的自己吧。

你正在主動背鍋嗎？

昨天，我約了莎莎在餐廳吃飯，我一進去，就看見她在打電話，好像在勸什麼人。五分鐘後她掛了電話，摸著頭表示有點煩躁。

最近，她們公司新來了一個小女生，不僅能力強，工作態度也很好，唯獨有一個缺點讓人很遺憾，這要是不能改善，恐怕會限制她的發展。

這女生的缺點是：只要開會，就不說話。

職場最忌諱：毛病不大，卻很要命。

開會不說話，說得嚴重點，開會是合作工作的基礎，不說話耽誤事；說得輕鬆點，彙報工作，討論問題，該開口的時候怎麼能刻意沉默呢？

剛才那個電話就是主管打來的，要她想辦法幫幫那個小女生。

莎莎私下裡問過小女生：「怎麼一開會就不說話呢？」

小女生說：「我有點害怕，害怕說錯了會被大家笑。」

莎莎百思不得其解：「你都還沒說呢，怎麼就覺得會被笑呢？」

小女生說出實情，大學時，她因為在辯論比賽上說錯了一個常識性問題，被同學笑了。從此以後，再也不敢當眾發表觀點。

心理學在解釋類似現象的時候有一個專有名詞：習得無助感（learned helplessness）。習得無助感是美國心理學家賽里格曼提出的，指因為重複的失敗或懲罰而造成的聽任擺布的行為。也可以更簡單地理解為，失敗不僅沒能教會你怎麼成功，甚至會導致再次失敗。

賽里格曼用狗狗做了一項經典實驗，由於實驗過程對狗狗很殘忍，我簡單說一下過程：把狗狗關在籠子裡，蜂音器一響，就電擊它，狗狗無法逃脫。多次實驗後，蜂音器一響，不給電擊，先把籠門打開，此時狗狗不但不逃，還在沒有電擊的情況下就先倒地呻吟和顫抖。本來可以主動逃避，卻絕望等待痛苦的來臨，這就是習得無助感。

可見，習得無助感並不是天生的，而是後天習得的行為，形成的條件是個體無法掌控自身處境，或不相信自己能改變自身處境。

比如，在某次會議上發言，看到別人在私下議論，你覺得：這次發言不行——每次發言都不行——永遠都不行。可想而知，下次會議再要發言，要克服多少心理障礙，所以只能不發言。

一個人願意付出努力改變自己，是因為相信：在努力和收穫之間存在穩定的聯繫，付出後可以有穩定預期。當預期被破壞，就容易產生「努力也沒用」、「我就不行」、「自己想要的永遠得不到」的負面預期，並因此放棄努力，陷入「習得無助感」的心理狀態。

狗狗想不開，被電擊之後就地躺倒；人類想不開，被刺激之後變得玻璃心。原來，真正的原因是自己想不開啊？哪有這好事，狗狗想不開，是電擊造成的；我們想不開，是刺激我們的人造成的。但就像狗狗「不幸」遇到賽里格曼一樣，在不那麼強大時，誰能保證自己一輩子不遇到幾個壞人、幾次打擊呢？

最難對抗的，往往不是外部的殘酷規則，而是自己為自己設定的雙重標準。我們總抱怨別人沒有給我們足夠的時間證明自己，可在很多事情上遭遇一次挫折之後，又會很快認定自己不是那塊料。

被刺激是生活常態，被暴擊才是人間真實。

要學會自己拉自己一把，失敗了先別急著否定自己，再多試幾次。遇事不甩鍋是本分，但完全沒必要主動把鍋往身上背。

我們生來對這個世界一無所知，所有經驗都是從失敗中獲得的。燙著了，知道玩火易自焚；摔倒了，知道登高易跌重；噎著了，知道囫圇吞不了棗。怎麼一遇到工作問題，就要求明確的答案呢？

厲害的人，從不制定一步到位的計畫，一口吃不成胖子，胖子都是一口一口吃成的。成功不僅是升職加薪，每次一點點小突破也是成功，當重新建立起努力和成功之間的穩定預期，努力就不會變得那麼痛苦。

你要相信，雖然你沒有自己想的那麼強，但是也沒有自己想的那麼弱。

你要拚盡全力，才能獲得不工作的權利

和工作摩擦久了，早晚會起毛球的，工作和感情一樣，日久生情緒。**工作本身是不累的，平衡情緒才最累，沒有情緒的工作其實也是一種欺騙。**

我之前在網路上看到一篇文章，作者以自己和身邊的人的經歷切入，痛斥自己在職場遭遇的種種不公，覺得任勞任怨、勤奮努力的人會把所有人都拖下被無情剝削的深淵，所以號召大家一起混水摸魚，堅決不加班，能混就混，老闆看不順眼有本事就資遣，拿了錢再換個工作繼續打混、占老闆便宜、躺著賺薪水……

真巧，這篇文章也是我在摸魚時看到的。正當我昏昏欲睡之際，它成功吸引了我的注意，並且看得很爽。

先不說作者是不是真的受到了天大的不公，但摸魚這種事不應該這麼理直氣壯。摸魚就偷偷地摸，不要美化它。

錢不少拿，工作還盡量少做或不做，一點責任也沒有。下班就什麼都丟著不管準時走人，回家就失聯，主管都要氣死了，還不能把你弄走，因為不想付資遣費……不會吧，不會到現在還有人認為，自己不想走，別人就拿你沒辦法吧？

不勞而獲的方法只有兩種，一種會觸犯法律，另一種就是做夢。

工作這件事，不必神聖化，首要目標肯定是為了保證生存，一定的物質基礎是必需的，然後再慢慢提升生活品質或者品質，不能支援最基本生存需要的工作，該走人走人，及時止損。

但是工作這件事，絕不應該被污名化。努力工作不是因為我們善良、我們傻，而是因為想要更多的薪水，想要更好的生活，想要有能力照顧家人，才主動選擇更加努力。

工作裡的麻煩事那麼多，誰都想丟下不管。但你問問自己，是真心覺得混水摸魚是正常現象，還是一時情緒作祟？

你選擇混水摸魚，占不到老闆任何便宜，只會助長自己的懶惰和得過且過。因為你混是混不到高層的，只會在小池塘裡瞎晃，看不到也進不到真正的大海。

如果你一直混水摸魚，也沒什麼不可以，無非是一種生活方式，但你殺了太多時間，時間是會復仇的。將來有一天，你在SNS、網路或者其他地方，看到別人展示奮鬥出來的美好生活時，別羨慕嫉妒恨就行，但願你能一直保持這份平常心。

時間是自己的，你在工作時偷懶，老闆沒有看見，就覺得自己占了便宜。公司所付的那麼一點錢，就買下了你的青春？學會的東西首先是自己的，其次才是公司的。

放棄太容易了，但不是每個人都有本事承擔後果。有很多東西，沒有經歷逆流而上的艱辛，你是注定無法得到的。

去問十個人，或許有九個半都會說：我不想工作。但是，你會發現這十個人，每天也都在拚命工作。在後面鞭策的或許是房租、房貸、柴米油鹽，抑或是心中那份美好的理想。你問我人生理想，我的人生理想就是不工作。可是，想要不工作，也是需要拚盡全力的。

誰都有情緒，爽文看起來確實爽，但是奮鬥的故事看起來更爽。

這個世界上，沒有輕鬆又高薪的工作，沒有一份工作是不累的，是有些人總愛給自己放假罷了。

確定的工作，像蓋章，跑流程，照範本，或者傳統行業的操作者……這樣的工作，競爭者眾多，薪水怎麼高得起來？而不確定的工作競爭者少，是因為精神壓力很大。老闆成天跟你要什麼五彩斑斕的簡約，金光燦爛的雅致，暗無天日的白，讓你鬱悶不已；早上遲到半個小時的時間缺口，加班三個小時都沒辦法彌補回來；一不小心還會遇到囂張跋扈的上司和難以躲開陰險狡詐的同事……

小孩的絕望是哭著離家出走，大人的絕望是哭完再回家。大人和小孩最大的區別是：既然有不怕事的勇氣，就得有處理後續的能力。懂得善後，才能永絕後患，始終讓自己立於不敗之地。

每一個人都在負重前行，沒有人更輕鬆。「我有故事，你有酒嗎？」當然是很理想的狀態，但我們凡人的日常，大部分時候都是：「我有垃圾，你有桶嗎？」

誰都有受氣背黑鍋的經歷，委屈加起來輕鬆繞地球三圈半。你以為坐你對面業績好的同事沒有煩惱嗎？你不知道的是，想要保持這個業績，他也得筋疲力盡；你以為和你一起大口喝奶茶的閨密沒有煩惱嗎？當你精準投射了自己的無力時，你沒有看到電話那頭的閨密也是欲哭無淚。

別高估別人的忍受能力，別低估自己的改變能力。別活成一個消耗別人的人，即使不能像禮物一樣出現在別人的生命裡，也絕對不能去做身邊的人的包袱。

命運很幽默，讓認真生活的人都沉默；工作很殘酷，總是傷害你，仗著你離不開它。那個一邊喊著辭職，一邊瘋狂加班的是你；那個一邊恨不得掐死甲方，一邊努力做出改進的是你；那個一邊腦內構思辭職信框架，一邊回覆老闆訊息的是你。

我們都是半夜嘆氣，發誓第二天就辭職，結果一到公司，立刻開啟工作模式的人。因為一想到自己手頭上的工作千頭萬緒，丟給同事也不好，就告訴自己忙完了就辭職。等到最難的時間熬過去，你就會發現這工作也沒那麼難了，還能再熬一熬。

陸小曼在《隨著日子往前走》中寫道：「這個世界上沒有不帶傷的人，無論什麼時候，你都要相信，真正治癒自己的，只有自己。」

工作就是一場取經，經歷九九八十一難，才能成為歌詞裡唱的「有故事的女同學」。**是否能在塵埃裡開出一朵花來不重要，重要的是即使被現實按在地上摩擦，也要笑靨如花，輸什麼也不能輸了心情。**前一分鐘加班到心態崩潰，後一分鐘就點了鹹酥雞外送。

古希臘神話裡，死神和睡眠之神是一對孿生兄弟，因為古希臘人認為睡眠就是短暫的死亡。朋友們，即使今夜你因心事而難眠，也不必過於煩惱，因為太陽升起之時就是你的新生，一切都會重新開始。

練習 3

你的尊嚴值得也重要

——好的工作，即使疲憊也有尊嚴

有段時間我和一位主管杠上了，導致很多事情既不順心，也不愉快，甚至回家看到我爸也要大發雷霆，只因為我爸和主管同齡。後來，我才醒悟，我這是把工作的壞情緒帶到了生活中。我也知道這樣不好，但是沒辦法，忍不住，畢竟我虐我爸千百遍，我爸也會待我如初見。

工作久了，難免要問自己一個問題：這份工作到底值不值得？

主管說的就是對的？

小星畢業找工作時，沒交學費就輕易學到了兩堂課。

第一堂課是，口頭約定真的不能算約定，實習期順利得到了正式工作的錄取應允，結果兩個月後打電話給實習公司確認，人家連她是誰都忘了，怎麼辦，只能再找工作啊！

第二堂課是，喜歡的工作有時只是金玉其外，真正經歷的都是敗絮其中。

當時已經過了徵才季，竟然又讓她拿到了一份不錯的工作錄用通知，她那份高興怎麼形容呢，就和孫悟空得知自己要去當弼馬溫時的興奮一樣。上班的第一天，她看到公司招牌那麼金光閃閃，不由得感到很自豪。

當負責接待她的同事，把辦公電腦和抽屜的鑰匙放到她桌上時，她忍不住發了一則動態，獲得大量按讚。

這份新工作，一切看起來都很順利、充滿希望，但是孫悟空很快就知道了弼馬溫是什麼意思……

和ＳＮＳ上熱鬧的留言不同的是，公司的氛圍異常冷靜。沒有人和她打招呼，同事們甚至連抬頭看她一眼都沒有。小星覺得很困惑，這跟想像中溫暖的工作環境，差別好像太大了。

最初，部門同事會叫她一起吃飯。一次，同事漫不經心地問她對上司的看法，她當時緊張到顫抖，生怕自己說錯話，努力回憶沒見到幾面的上司到底有什麼優點。一頓尬誇之後，同事再也沒有約她一起吃飯。原來，誇上司的那個人，是不受歡迎的。

平時群組裡安靜到連個緩解冷場的表情圖案都沒人發，就算是以往厚著臉皮社交的小星，也慢慢學會了保持沉默。

起初她以為，是因為同事們都比較內向，不喜歡社交。但在接觸了上司以後，她才發現，原來一個部門或者一家公司裡主管的作風，就已經決定了它的工作氛圍。

上司很喜歡在下班時準時開會，她第一次參與的創意大會開了五個小時，沒有任何會議記錄，會後還要求大家當天交總結。

小星並不抱怨工作辛苦，她早就做好了吃苦的準備，讓她不理解的是上司的態度。

上司最愛說的話是：「加班不是什麼辛苦的事，也不值得表揚，加班說明你們平時工作效率低落。自己不行，才會占用工作之外的時間。你們加班到天亮，公司還得付出相應的補休和水電費，你們想想，公司雇你們虧了多少錢？」

上司既然覺得加班沒有用，那就不能申請加班。沒有申請加班，車費也就不能報銷。但上司不覺得自己的做法有問題，開會時還對大家說：「我不贊成加班，你們要提高效率。」

小星努力說服自己，既然是主管，必定有過人之處。主管說什麼就是什麼，主管要你做什麼就做什麼。主管罵人，不是主管有問題，一定是自己的問題。

她和所有年輕人一樣，謹記著這樣的道理。事實上，上司也不常罵人，她對小星說得最多的就是：「你不行。」

秦小星加班到深夜做出來的設計方案，她瞟了幾眼，說：「不行。」至於不行的原因，她只說了些無關痛癢的意見，接著對小星的工作方式提出質疑：「你為什麼要這麼做這件事？它的邏輯在哪？你是怎麼想的？我不敢相信這是一個成熟的人做出來的東西。」

一連串否定讓秦小星有點茫然。現在手頭上的工作是從之前離職的同事手裡接過來的，離職同事告訴她怎麼做，她就怎麼做，根本沒有什麼具體規則。

小星揣測：為什麼到了主管這裡就不滿意了？是不是看我不順眼，對我有意見，想叫我走？

對話的終點總會落到「你不行」上面

否定多了，會讓員工把注意力從具體做事的好壞對錯，轉到對上司的唯唯諾諾。小星對自己的工作能力越來越沒信心，連一句簡單的話都要仔細斟酌，甚至要徵求別人的意見。

但主管又總是說：「小星，我絕不是對你個人有意見，就這個工作來說做得確實不好，你不行，你該好好反思。」

小星苦思冥想，被反覆挑剔的設計修改一個星期，最後按照第一版發出去了。案子通過的那天，她在座位上喜極而泣，但為什麼會通過，她想不明白。後來從其他同事那裡得知，那天主管剛好和男朋友有約，晚上急著約會。她的工作成果傳到群組裡，主管看都沒看就直接過了。

她終於明白了，工作有時就和種田一樣，出門前要先看天氣，天晴收割，下雨時最好躲著。說白了，主管的情緒才是決定因素。

小星還負責經營公司的社群專頁，儘管不是專業行銷出身，也不太會寫文章，但公司需要一個員工弄這個東西。上司沒多想，直接讓她上了。「我對你的期望不高，一週後，粉絲最好能過萬；一個月後，要像幾個行業大品牌一樣，產出有影響力的十萬＋流量爆紅文章。」

上司好像在做夢，一個以傳播資訊為主的企業社群專頁，想靠一個門外漢的經營輕易就能產出十萬＋，讓那些上百人的行銷團隊情何以堪？

「五百的瀏覽量，我開會臉都丟光了，小學生來寫，數據也比這個好看。小星，你不能老是這樣，我給你很多次機會了，你不能做什麼都不行吧。」

小星不行的地方還不止這些。上司覺得她做事拖拖拉拉，溝通方式有問題，最後對話的終點總會落到「你不行」上面。

她被折磨到懷疑大學四年白念了，她那時候很驕傲，走到哪都抬頭挺胸，腰桿挺得直直的，那是屬於年輕人的驕傲。如今一進辦公室她就不自覺低頭，每天精神恍惚，恨不得腦袋鑽進電腦裡。

「對不起，我下次努力。」秦小星向上司道歉。她只能道歉，次數多了，開始自我懷疑：「我是不是缺乏獨立生存能力？我是真的如她所說不行，要打掉重來？」畢業半年的小星想辭職了。

後來，也不知道是走了什麼好運，她在社群專頁做了一個線上活動，沒想到爆紅，而她花費一週時間獨立寫出的文案，卻被上司向上彙報成：「團隊用心打磨了一個多月的成果。」

更讓她沒想到的是，隨著漂亮的活動數據一起來的，是負責考勤的同事拿給她的工時單。那時她才知道自己被無故扣掉了好幾天的工時，以及當月的全部績效。

她真的很憤怒，但是又一次選擇了忍住。

真正爆發的那一天來得很突然，也很平靜。

那天，小星熬夜寫了兩個星期的ＰＰＴ，按照主管的意思改了無數次，最後卻迎來她劈頭蓋臉一頓罵。

「你看你，做的這是什麼東西，你自己對這個結果很滿意嗎？」

「請問哪裡有問題呢？」

「問題還不夠明顯嗎？部門就這麼幾個人，你們花一天一夜、幾個星期做的事，我一個電話就可以搞定。讓你們做是為了讓你們進步，讓你們學習，簡直太不專業了。」

「不專業您為什麼錄取我？」加班半個月，這顆辦公室炸彈終於爆炸。

「你再說一遍！」

秦小星說：「我的專業不可能透過一個案子、一個PPT就突飛猛進，所以『讓我們學習』這種話是不成立的。達不到要求我深表遺憾，如果如您所說，一個電話就可以搞定所有人做的事，我建議您開除所有人，這樣還能為公司節省一大筆費用。」

上司沒想到秦小星演了這麼一齣，先是愣在那裡，隨之而來的是震怒，還氣得直敲辦公桌：「你什麼意思？你對我有什麼意見？你是不是不想幹了？」

時間彷彿回到了剛入職時，也曾被這樣殺雞儆猴地拍過桌子，當時身為職場小白的小星嚇到眼淚打轉，只會不停地道歉。但當下這一刻的秦小星突然感受到濃濃的諷刺和背叛，因為她發現自己在努力工作的日子裡，公司想的卻是如何苛扣她的薪水，她拚命做出來的東西不如外面的人隨便做一個。她真的不想再隱忍下去了。

於是她做了一個很大膽的舉動，面帶微笑直直地回盯對方，直盯到上司開始躲閃為止。那次談話後，她辭職了。

辭職後的幾週時間裡，她憤恨地等待公司倒閉的消息。讓人絕望的是，不是所有不合理的現狀都會撥亂反正，不是所有的爛公司都會倒閉。

後來她和我講了她這將近一年的工作經歷，我問她：「你失去了什麼嗎？」

想不出答案的她只好脫口而出：「失去了我寶貴的時間。」我們笑作一團。

其實這樣的心酸經歷，不時就會發生，因為太普遍了。

我的另一個朋友，企業文化就是習慣全員加班，就算手裡沒工作了也沒人準點走。不僅有莫名其妙的罰款制度，公司還拖欠過薪水，老闆用「公司要先活下去」，要求員工要先考慮公司，再考慮個人。

最讓人喘不過氣的是，主管時不時拿她跟其他同事做比較，製造心理落差。覺得壓力大的話就是沒能力，想辭職時還會諷刺說「你這樣出去是找不到工作的」這種話。

在這種工作環境下，公司員工離職率很高，大概三個月就會有一次大換血，但她卻足足撐了快一年，無非就是不信邪，想證明自己。可不管怎麼做，主管從來沒滿意過，反覆找碴，說她不是吃這行飯的，經常當著很多人的面劈頭蓋臉罵她。

她一度自我懷疑，覺得自己是不是真的很差勁，整天陷在焦慮的負面情緒中，最終還是辭職了。

用現在的說法，這兩位是遭遇職場ＰＵＡ了，好不容易跟上一次流行，卻是因為這樣的事，你說心不心酸！

職場ＰＵＡ，這個詞準確說法是「職場霸凌」，指職場中某些上級對下級進行精神控制，包括言語打擊、找麻煩等行為，讓你喪失自信心和主觀判斷力，陷入「自我否定」和「想要努力證明自己」的循環。當發現不管怎麼做都達不到對方要求時，再樂觀積極的人心態也會崩。

大家是不是這才醒悟過來，原來每週定時憂鬱，覺得自己不行的情緒，源頭全來自於老闆們精心設計的慣用手法。

職場霸凌最顯著的特點是，日復一日在「打一巴掌，再給一個甜棗」的兩極態度之間循環。一邊給你戴上王冠，為你加冕為王，「你是有實力的」、「你是公司裡難得的人才」；一邊又無情打擊你、消磨你的自信心，「你不值得，真的不值得」、「你應該聽我的」。

給了希望又掐滅希望，讓你在自卑和自信中反覆搖擺。

諷刺的是，有些老闆甚至不知道這個詞，只是在一種輕視人格尊嚴、講求弱肉強食的氛圍下，去追求這種特殊的「管理藝術」或者「企業文化」，但不能因為這樣就忽略這種行為的不合理性，就像大象踩過螞蟻的屍體，牠並沒有察覺到自己的罪惡。

也要小心一種高級的職場霸凌，它隱匿於無形，不為人察覺。常常出現在一種真摯誠懇的關係裡，那位看起來非常友善的主管，總是給你一種長輩的感覺，好像他真的希望你變得好，但是他總是似有若無地打擊你，讓你覺得真是自己不夠好，對不起主管的栽培。

他以柔克剛，潤物細無聲，直到辭職時，你都無法去恨這個人，因為他真的是一個好人。但是辭職後的你如釋重負，像困獸終於可以解放天性，直到這一刻你才會醒悟，這不就是職場霸凌嗎？只不過包裝得太精美，你都沒發現，那本來就是潘朵拉的盒子，除了災難，裡面沒有任何美好的東西。

我們堅決抵制職場霸凌，並不意味著不接受批評。如何分辨？如果是對工作態度、工作方式、工作結果提出批評很正常，但是如果進一步到人格侮辱和精神控制，直接針對你個人進行侮辱，那就是職場霸凌。正常批評是對事不對人，職場霸凌是對人不對事。

真正健康的職場關係是彼此尊重、彼此信任下的平等合作，是你和公司互利共贏。好的公司不會吝嗇為你提供鍛煉與展示的平臺，你在這裡會成為更好的自己，而公司也會獲得回報。

你要記得自己是人，不是工具

為了讓小毛驢乖乖拉磨，人類發明了矇眼睛、堵耳朵、捂嘴巴、抽鞭子的奴役方式。還告訴它，磨盤外面的世界很危險。被會玩弄話術的老闆「忽悠」的員工，就像小毛驢一樣，想像著外面的洪水猛獸，然後埋頭費力地拉著磨，心甘情願被奴役。得了便宜還賣乖，不僅壓榨欺負你，還要你抱著一顆感恩的心。

傷害不值得感謝，別說一段讓你不快樂的職場經歷也是一種成長。傷害能讓人成長嗎？平心而論，能。為了從低谷裡爬出來，人必須成長。每天強迫自己打起精神，在心裡默念一萬句「我可以」，遇到一點點風吹草動就敏感地縮回去，算不上自我同情，倒是一定學會了自我保護。

不是每個人都能從長夜中醒來，傷害能讓人成長，但成長只是結果，且只是結果的一種。能走出來的都是王者，走不出來的弱者有誰關心？說一句「陽光總在風雨後」，但很多人就困在了颱風裡。

災難和傷害的確讓人類更加堅強，但一定要透過痛苦傷害才能變得更好嗎？如果沒有這些痛苦傷害，我們難道不會比現在更幸福嗎？這是一個問號，不能因為奇怪的「樂觀」，忽視了這個問號。

人類的悲憫之心，不應該建立在對痛苦的共鳴之上，更不應該建立在對傷害的盲目樂觀上。

職場是謀生的地方，你付出勞動力換取所得，不代表企業可以藉著拚業績的理由毫無顧忌地踐踏你的尊嚴。

不幸被欺凌時，要學會分辨，哪些是事實，哪些是惡意欺負，然後去切割情緒。被欺凌是事實，這是他違反契約精神的背叛行為，是他的錯，他的問題，他的責任。**你不必用他的錯誤懲罰自己，活成堅硬的恨意或者虛弱的不自信，餘生受困於此。更不要因他的錯誤，覺得自己不配享受更好的職場環境，在卑微的討好裡，祈求他重新重視你。**

面對霸凌，不是要麼忍，要麼走，是一定要走。

人與人之間總會基於強弱結成種種關係，在現實中有參差百態的表達，千萬別陷入有毒的關係不可自拔。第一時間遠離那些讓你不再喜歡自己的人和環境，果斷離開就是對自己的救贖。

其實，守住一個底線，你就很難被欺負，首先**你要記得自己是人，不是工具。**學習自己需要的，爭取自己想要的。肯定自身價值，不要活在那些負面的評價裡。最重要的是，千萬別對自己失去信心。

失去一份工作意味著什麼？意味著你沒有和這份工作在一起的運氣，你有更好的運氣，有更好的工作在等著你。

一份工作適不適合你，就看你的狀態。工作不可避免都會遇到瓶頸和煩惱的時候，但是一份工作從第一天開始就是湊合的，從來沒讓你有過任何開心的回憶和成就感。你總是不被珍惜，經常被自己的壞情緒折磨，很努力，卻換來了很壞的結局。如果一份工作不那麼值得的話，其實你最該做的不是去忍受，而是走出去。

一次次消耗自己，是會讓自己懷疑人生的，要學會告訴自己，你有更好的運氣。你要往前走，去找那個理想的工作，不敢說會有多好，但能改善現狀不就很好嗎？

曾經以為換一份工作是多麼興師動眾的事，而告別它需要多大的勇氣，但經歷過後才發現一切並沒有想像中那麼難。

小星後來和我說，浪費了時間是肯定的，但她並不是沒有獲得。她獲得了雖然不應該被拿來感激，但同時也是難得的一段經歷，至少以後再遇到這種事，她能第一時間發現並離開；她還獲得了同病相憐的前同事的認同；她還獲得了經驗，依靠自己作品也讓她在之後找工作的路上變得比一年前更加順利，這種順暢感讓她開始相信，獲得一份不錯的職位是因為她值得，而不僅僅是運氣好。

英國作家艾倫．狄波頓對工作的定義是：「所謂工作，就是有尊嚴的疲憊。」麻省理工學院教授澤伊內普．托恩在其著作《理想用人策略》（The Good Jobs Strategy）中也提到：「一份好工作會有『體面的工資、體面的福利和穩定的工作時間』，『員工能夠良好表現，並在工作中找到意義和尊嚴』。」

不管在愛情、親情還是職場關係中，自尊永遠是對抗控制的最佳解藥。

工作，占據了我們人生中大部分時間，直接決定我們的喜怒哀樂。我們對它又愛又恨，愛它的報酬豐厚，也恨它的無情折磨，但無論如何，最應該讓你對一份工作放手的，不是勞累和打壓，而是，你不快樂。

不會有人因為沒有一份工作就死掉，如果這份工作真的在消磨你的快樂、你的尊嚴，甚至你的生活，那麼快點走，能多快就有多快，浪費一秒就是浪費一秒快樂。你只是打工而已，沒有必要把人格、尊嚴和靈魂一併打包出賣。

要對傷害抱有福爾摩斯般的警惕，不只是為自己，也是為所有懵懂無知的小夥伴敲醒警鐘。

對成功的定義，不應該只剩下「拚命賺錢」四個字，而把那些關於個人價值的東西通通拋掉；人生的全部意義，不應該僅僅只有工作，工作只是實現幸福的途徑，而不是唯一的途徑。

每一個為公司和社會創造價值的人，都值得被認真對待。

至少身為一名奮鬥者，你該明白，工作或許是通往理想的方式，但絕不是理想本身，還應該有愛和自由，以及更廣闊的生存空間。

而希望所有的老闆也能明白，那群願意受盡委屈也要把工作做好的員工，是世上最好的員工，你該盡可能地為他們創造更好的福利，而不是理直氣壯地喊出：「年輕的時候不吃苦，什麼時候吃苦？」

不幸遇到職場霸凌，千萬別忍著，只要你走得快，老闆就欺負不到你。

練習 4

展示價值

——前浪如何避免被後浪拍在沙灘上

一個朋友被年齡比自己小、經歷比自己淺的年輕後浪取代了，理由是工作不勝任、績效未達標。

朋友不服氣，忍不住問：「我哪裡不勝任了，哪裡不達標了？」另一個朋友聽說這事，忍不住調侃他：「你對公司真夠忠誠的，就像被男朋友甩了，他說你不溫柔，你還要哭哭啼啼逼他說清楚你哪裡不溫柔。」

「做了這麼久，我怎麼就不合格了？」這句話大概是每個前浪員工被質疑時最常進行的靈魂拷問。

太輕信經驗，反而忽略展現能力

被比自己年齡小、資歷淺的後輩取代，的確很讓人沮喪。我們來看這個問題，先排除一種情況，就是公司為了降低成本，不顧工作表現，為了省錢而用新員工替代老員工。那麼剩下的就是比較尷尬的一種情況：中規中矩的前浪遇到有潛力的後浪，那前浪基本上就是完敗。

潛力就是成長速度，後浪如果展現出潛力，那就遠比靠著經驗優勢、中規中矩的前浪有價值。後浪的一個優勢：可塑性，白紙好教，工作越久，越有一些根深蒂固的習慣，很難改。

朋友伊芙在一家大公司做人力資源主管，有一次我們聊起現在職場對前浪越來越不友好了，她說了一個別人的故事，為了尊重隱私，以下皆用化名。

文華和曉丹曾經在同一家公司人力資源部任職，文華比曉丹大五歲，是曉丹的直屬上級。大家都認為，文華比曉丹的能力強出很多。

後來，文華從公司離職，向伊芙所在的那家大公司投了三次履歷，卻連一次面試機會都沒得到。她只好退而求其次，入職另外一家公司，但薪水待遇和未來發展，都遠遠比不上伊芙的公司。

兩個月後，曉丹也離職了，讓所有人吃驚的是，她順利入職伊芙的公司，並也很快獲得了認可。

文華心態徹底崩盤，她之前一直以為是那家大公司要求太高，但現在能力和經驗都不如自己的下屬都成功入職了，她想不通。文華忿忿不平，逢人就說，曉丹一定用了什麼「特殊關係」，否則她的能力遠不如自己，卻得到了比自己更好的機會，憑什麼？

有一次文華碰到了伊芙，就吐槽了這件事，說：「曉丹是不是認識你們公司的人，為什麼她能應徵成功？」

伊芙看她那麼執著，就從手機裡調出了曉丹的履歷，截了一張圖給文華看。圖上是曉丹履歷裡「工作內容」一欄的具體描述。

文華的履歷寫的是：多年人力資源管理經驗；招募優秀人才，把合適的人配置到合適的職位……基本上就是慣用表面用語。

大多數人的履歷都是這麼寫的，能看出文華很有經驗，但和曉丹的一對比，立即相形見絀。

曉丹的「工作內容」欄是分條寫的，大概是這樣：

1. 三年人力資源管理工作經驗，兩年集團化企業人資模組統籌管理……

2. 熟悉現代化人力資源管理理念和方法，對人力資源各個職能均有深入的認識，尤其擅長招募、績效、薪酬、勞動風險管理……

文華看完後，臉色很難看。

伊芙和我說：「『幾年工作經驗』這種話，怎麼說呢，有點偷懶，尤其是履歷，你寫出來了，我還得仔細斟酌，何況連寫都不願意寫。還有，看到文華的履歷，公司只能看到她過去做過什麼；看到曉丹的履歷，公司能看到她未來能做到什麼。」

你能實現什麼程度的職業生涯，表面上取決於「你所創造的業績」，實際上取決於「你未來能調動的資源和展示出來的價值」。

文華的資源一定不比曉丹少，可是，她根本就沒有展示這一點，不是因為能力，也不是輸給關係，僅僅是因為她太輕信於經驗，而忽略了展現出來也很重要。

打敗一個人的不是被淘汰，而是「我沒想到」

這也是不少前浪被淘汰的其中一個原因：很早以前做出過成績，早早躺在功勞簿上，然後長睡不起；喜歡抱著過去的功績不放，一直在捍衛過去，而不敢或者根本不想放眼未來。

想晉升但上不去，想留下但留不住，想跳槽但沒實力，你一定要避免這樣的困境。電影《刺激一九九五》中有一句經典臺詞：「監獄裡的高牆實在是很有趣。剛入獄的時候，你痛恨周圍的高牆，慢慢地，你習慣了生活在其中，最終你會發現自己不得不依靠它而生存。」當你越來越習慣了當下的生活模式，就很難逃脫出來。

每一間公司都有三種員工，一種是穩中求變，一種是爆發式突變，最後一種是以不變應萬變。

朋友維維所在的公司來了一個新人，和她同一個部門，論工作經驗和成績都不如她。但在一次偶然聊天中，她發現新人的薪資竟然比她高。

維維偷偷打聽，原來公司要員工開影音平台帳號宣傳公司產品，新員工開了，還吸引了不少粉絲，帶動了公司產品的銷量，老闆很滿意，就幫她加薪了。

維維一直拖著沒開帳號，看影片多爽啊，自己開個帳號多累啊。但是現在迫在眉睫了，她準備馬上行動。我覺得她應該先了解一下短影片相關的課程，掌握平台的運作機制。

過了一段時間，她又來問我，有沒有免費的短影片課程可以推薦給她。距離上次談話也有將近三個月時間了，原來這三個月她還是維持現狀。

後來，我問她學得怎麼樣了？

她說：「還沒弄呢，很麻煩，自己經營太累了，等等再說吧。」

「老油條」一開始也是「新油條」，他們當年也是憑著自己的實力成功為自己的職場開了局，但在一個地方待得太久，漸漸消磨了心智，停止了成長。

他們最喜歡一成不變，覺得一切「過往」都很珍貴，但現實是過往不足以為將來買單；他們的專業能力十年前很厲害，但現在沒有人在乎了；他們有很多優秀的經驗，但是無法適應這個時代了；他們以前經常被老闆表揚，但現在業績就是上不去……

一個人太得意於之前的成績，是不會願意轉變想法的，還會一直拿著過去的成績說嘴。如果你是一個剛進入行業的後浪，遇到這樣的前浪，那個體驗簡直讓人窒息。你明明知道那個做法已經過時了，再按照那樣的做法走不下去了，但是他還是要堅持過時的做法。並且每次有分歧時，你都能聽到那句經典的「我當初做ＸＸ的時候……」。

我一聽到「我吃過的鹽比你吃過的米都多」這樣的話就生氣，有研究發現鹽吃多了不僅引起高血壓和肥胖，也會傷腦的，會加速認知能力退化。所以，我寧願跟隨一個一直失敗，但是一直勇於嘗試的人，也不願意跟隨一個做出了一次成績就吃一輩子老本的人。

淘汰往往不是別人給的，而是自己在心裡淘汰了自己。打敗一個人的從來不是裁員，而是「我沒想到」。

那些過往，那些功績是最好的偽裝，以致於你都看不到危機早已來到身邊，危機感一旦消失，真正的危機就慢慢到來。當新的機會來臨時，過去的成績、經驗、資產、習慣，可能成為你的包袱。

管理學大師彼得・杜拉克說：「產生動亂時，最大的危險不是動亂本身，而是人們按照過去的邏輯行事。」很多老員工最擅長此招。

這不是要你否定過去，但不也正是這些過去，把你帶到了現在這個困境嗎？那些因為當下不如意，拿過去當擋箭牌的人，不是因為過去有多美好，而是因為過去的已經過去了，沒辦法再傷害他，但捍衛過去並不能開創未來。

真正優秀的人，既能穩住巔峰時刻，又能轉身去創造下一個巔峰。打破思維壁壘這件事，短期看很艱難，但是長遠來看，這才是不斷成長、保持競爭力的秘訣。

一個經驗豐富的機師，需要關注的是當天的天氣變化情況。雲層越來越厚了，雨點開始敲打擋風玻璃了，電閃雷鳴，開始轟轟作響了，而不是總是強調「我有多少年經驗」、「我的駕駛習慣是什麼」、「我曾經經歷過什麼惡劣天氣」……在暴風雨來臨之際，你的過去一點都不重要，如果你不能順利穿過雲層，一切都是徒勞。

曾有人用「老兵不死，只是凋零」來形容大齡基層員工的職場宿命，其實大齡基層員工的未來並不是毫無希望的。

「時刻準備著」和「知所進退」才是正確的做法。如果能放下懶散，捨棄安逸求變，始終保持危機感，不斷地接受世界變化的資訊，並調整自己，抓住每一次機會，職場之路並不會堵死。

為生活披星戴月，總要期待一個好結果，別還沒等到高薪，卻等來了高血壓。別人可以鼓勵你，但是爬起來還是要靠自己。

趁興而來，盡興而返，保有餘味

前浪的唯一出路真的只是被拍在沙灘上嗎？

現在的年輕人很聰明，不光能力超群，還學會搶答了，這不，身邊不少二十幾歲的小朋友竟然開始擔心「三十五歲危機」了。

所謂「三十五歲危機」，原本指的是三十五歲左右時，許多人發現自己的工作進入半永久瓶頸期。工作熱情缺乏、競爭日益激烈、自身健康退化、家庭壓力增加……讓這個年齡層的人開始產生危機感。

創造「三十五歲危機」名詞的人一定沒想過，幾年後這份危機感會蔓延到二十多歲的人身上。

事情的起因是某篇文章爆料，某網路公司的人力資源部在大學招募時宣傳公司平均年齡低、工作氛圍年輕陽光，結果被學生反問：「那你們公司年齡大的員工都去哪了？」直接把原本自信滿滿的人資當場問傻眼。

大家這才恍然大悟，惶恐地開始向周邊詢問：「他們都老了嗎？他們在哪裡呀？」

前浪成了後浪和被辭退之間的一堵牆：前浪在，被辭退離你很遠；前浪不在，你將面對被辭退這個事實。

「三十五歲危機」逐漸成了一把懸而不落的達摩克利斯之劍，不少人雖然年紀才剛剛觸及三十五歲的大半，卻已經開始真心實意地為前輩們以及終將走向三十五歲的自己擔憂了。

但先別忙著跟風焦慮，仔細想想，普通人到三十五歲就有很大的機率會被淘汰嗎？怎麼可能，絕大多數的職場人，在三十五歲之後依舊在職場奮鬥。

而所謂的「只招三十五歲以下」徵才歧視，也難以束縛住大多數三十五以上的人，這種徵才歧視只是針對某些職位的，三十五歲左右的熟手更傾向內推或者被獵頭相中，還有自由創業的。三十五歲左右也許會經歷工作上的重新抉擇，但遠不至於走投無路——除非把升職加薪以外的所有情況，都定義為失敗或失業。

提前為中年危機焦慮，背後是一個老生常談的問題：販賣焦慮。

號稱「三十五歲賺夠一輩子錢、躲避中年危機」的，多半是理財廣告；而號稱「三十五歲被裁員，才發現入錯行」的，多半是職涯規劃廣告。它們與時俱進，隨著當下環境而改變宣傳策略，目的就是願者上鉤。

他們之所以會向年輕人下手，是因為年輕人對中年一無所知才會掉入陷阱，真正的中年人都在忙著埋頭幹活，哪有空理你。

為未來做長遠打算，本來不是壞事，但當「三十五歲危機」的概念被妖魔化，會對生活的正常抉擇造成干擾，得不償失。**與其提心吊膽，擔心哪天會被失業的大錘砸中，不如增加抵禦風險的資本，讓自己不要成為機率問題中的那個可能。**

你永遠也捉摸不透到底什麼樣的人，是能安穩在職場裡來去自如的。出賣體力，榨乾自己？勤勤懇懇，卑躬屈膝？還是乾脆倚老賣老，頤指氣使？不思進取，怨天尤人？

在失去了青春有時就等於失去了一切的環境裡，其實在哪裡都有可能「一敗塗地」。至於有沒有能在地上姿勢優雅一點的辦法，我想說：「乘興而來，興盡而返，若還能保有餘味，就夠了。」

你不能既想活在自己的時代，又要讓時代遷就你

前浪的危機，根本不是年齡一到，就自動貶值，也根本不在精力充沛的後浪身上，而是時代飛速奔跑，前浪們到底要不要選擇跟上這個時代？選擇並不難，難的是什麼都想要。

時代大潮奔湧而來，有人吃到了大蛋糕，有人吃到了蛋糕屑，有人吃肉，有人喝湯，緊跟時代的人，在一個又一個風口上跌宕起伏，這是選擇，也是生活。如果你選擇不跟上時代，就得不到時代的紅利，甚至有可能被淘汰，這很公平。但你不能既想活在自己的時代，又要讓時代遷就你。

以我的觀察，一些前浪身上經常呈現出一種彆扭的狀態：既想做自己，又想獲得後輩的認可；既不想付出太多，又想收穫成功；既想賺錢，又不想受一丁點委屈。

這種彆扭，和多年的職場經歷有關。年輕時誰都有夢想，大家都想迅速發光發熱，但隨著年齡增長，職位紋絲不動，薪資趕不上通貨膨脹，難免都有點鬱鬱不得志。

可惜，一些前浪沒想過將自己的優勢用在精進業務上。他們在該努力奮鬥的時候，戴著虛偽的面具，表現出精明的偷懶氣息；卻在面對批判時，宣揚自己的苦勞和一錢不值的資歷。

這樣做的結果不會帶來尊重，只會讓別人覺得他們一無是處。

一個成年人工作了那麼多年，還不能正視自己的欲望與付出之間的關係，本質上還是走得太順了，沉溺於過去的安逸無法自拔。

他們不是不想跟上時代，他們只是不想努力跟上時代，在他們的印象裡，時代還和他們並肩呢。這是對自身和時代的雙重誤解。只有消除這種誤解，才可能做出正確的選擇。

我們都喜歡做那個被人尊敬的前輩，而不是那個倚老賣老的老油條員工。打鐵還需自身硬，當你一身本事，業務能力強，後輩們一定全都是佩服的星星眼，誰不喜歡有實力的人，因為他們是發光的啊。

在二十幾歲的年輕人眼中，主管只有兩種類型：傻瓜主管和讓人佩服得五體投地的主管。

隔壁部門新來了一個小實習生娜娜，把一向以穩重著稱的凱文氣到跳腳。實習第一天，五點半就要準時下班的她被凱文叫住，最近部門工作多，希望她能留下來幫忙。娜娜一臉的不可思議，還反問：「上班時間能完成的，為什麼要加班做。上班時間無法完成的，是不是事情本身有問題？」

這一套邏輯組合拳下來，先把凱文打傻了。

第一天就這麼讓人費心，可想而知以後還得興起多少風浪來。

二十出頭剛剛進入職場的主角們，就是「初生牛犢不怕虎」的代言人：倔強又直率，為了捍衛底線，連老闆也照樣頂撞。

隔壁組還有一位員工，平時油嘴滑舌，特別擅長見風使舵，娜娜看不下去，直接找部門主管談：「我不想和這種人共事。」

但要說她沒心沒肺，也不是。有一次他們部門接到了好幾個任務，分配下來，凱文帶著娜娜要搞定一個。娜娜畢竟剛開始實習，什麼都不熟悉，凱文沒指望她能幫上大忙，就細心地交代了一些她能完成的小任務，其他有難度的工作，他都自己扛下來了。

任務完成，成果獲得表揚的那一天，娜娜忍不住冒出了星星眼，對凱文說：「老大，你太厲害了，你現在就是我的ＫＰＩ。」

凱文不解：「什麼意思啊，你要把我幹掉啊！」

娜娜大笑：「那怎麼可能啊，你就是我的榜樣，我要向你學習。」

凱文忍不住翻了好幾個白眼。

娜娜還是每天都讓凱文和其他同事頭大，但身為新人，表現還算是可圈可點的。遇到事情特別多的時候，也不吵著嚷著要下班了，默默地和大家一起並肩作戰；遇到不懂的東西，也虛心請教。

就連之前被她鄙視的同事，她也慢慢表現出了尊敬。因為她發現，該同事只是行為方式懶散，其實和各個部門的核心員工都很熟，經常能得到意想不到的資源，關鍵時候能幫助大家克服各種工作難關。

別看娜娜沒事就搞東搞西，但是整個部門的氛圍以肉眼可見的方式發生了重大轉變，確實越來越活躍了！

前浪就注定要被拍在沙灘上嗎？我看也未必。什麼樣的前浪會被拍？一年工作經驗當十年用的，平時沒事就拿八百年前業績說嘴的，總是倚老賣老讓年輕人讓著他的，占著位置不做正事的……這樣的人根本連浪都算不上，就是一潭死水。

大部分前浪其實都是職場的高級玩家。當後浪還在懵懂地尋找自己在職場中的位置時，前浪已經以更沉穩的方式努力留住優勢，積極尋求上升了；當後浪第一次遇到職場難題，無從下手時，前浪早已開始著手解決問題了，這中間差的就是實戰經驗。

用自己的弱勢和別人的優勢比，發現比不過就心態大爆炸。比如和更年輕的人比精力、和更年長的人比經驗，很大的機率會被壓著打。其實根本沒必要，就像愛因斯坦說的：「每個人都是天才，但如果你以爬樹能力來評斷一條魚，牠將一輩子相信自己是個笨蛋。」

有時候得學學田忌賽馬，遇到年輕精力旺盛的，別和他比精力，幹嘛和自然規律鬥，和他比經驗、比解決問題的能力，一樣可以打贏他。

歲月沒有磨平前浪心中的稜角，只是讓他們更加清醒地認識自己，即使天塌下來也能沉穩應對，遇強則強，能屈能伸。

職場裡，新人和舊人，前浪和後浪，老油條與小白兔混在一起，難免讓人想要比較。

所謂的「越努力越幸運」，放在後浪的競爭中或許還能顯得熱血沸騰，可是當努力的主體變成前浪，審視的目光來自新一代時，很多東西就錯位了。就像一隻誤入了精壯狼群的老梅花鹿，難掩一絲悲涼！

他們占有過更多的資源，享受過更高的社會地位，但曾經的成就在年輕人主導的世界裡顯得不值一提了；老派的為人處世方式或是約定俗成的規則，只要如今的社會不喜歡，似乎也沒有堅持的必要了。

面對同事、上司刁難，到底哪種應對方式更好？初生牛犢不怕虎的衝勁和悶聲發大財的隱忍，到底誰對誰錯？其實，很難判斷某一個人生選擇或態度的對與錯、優與劣。

如果後浪的方案被拒絕了，學習前浪採用更含蓄的方式爭取或是放棄這次機會，那他很可能都邁不出職場第一步；如果前浪遇到問題，首先各種推卸責任，長此以往，或許也難以維持自己在公司的地位。

年輕時幼稚的、荒唐的行為，不是所謂的黑歷史；成熟後與年少時嚮往不同的生活，也不是被生活毒打後做出的妥協。後浪或許幼稚，但他們有著最具活力、最不言敗的樣子；前浪或許隱忍，但他們也是歷盡千帆後的「更好的自己」。

現實中，每個人都在乘風破浪。職場絕不是一個簡簡單單後浪拍死前浪的故事，其實二十歲的小白也在學著三十歲前輩的樣子希望「不惑」，三十歲的前輩也在二十歲菜鳥的身上懂得了更多取捨之道。

以前世界以你為中心，現在你要很努力才能追趕上這個世界；以前在夢想裡不著邊際，現在也學會了注意分寸；以前總說活出自己就好，現在偶爾也用別人的尺規丈量自己；以前總說不要活成自己討厭的樣子，現在也能與自己和解。

時代轟轟烈烈向前，如何應對變化無常是每一個人的功課，是憤世嫉俗，還是躺平任嘲諷？是隔岸觀火，還是躬身入局？是隨波逐流，還是自己掌舵？你不必刻意選邊站。

每朵浪花都決定著浪潮的方向，順風逆風乘對就是好風，前浪後浪敢破才能起浪。

練習 5

適度真誠

——不夠真誠是危險的，太過真誠是致命的

今天幫忙碌的同事跑腿，明天陪沮喪的同事逛街，後天替甩鍋的同事背鍋，請問你把哪一天留給自己？

你的好欺負，你的好說話，你的好脾氣，會引起「鍋傳鍋」現象，最終這口鍋你一定會背上，因為你善良，不會傳給下一個人。不要淪為一個兇殘的壞人，但也永遠不要成為一個軟弱的好人。

恰到好處的與人為善

成年人的「不好意思」，真的很多。不好意思索取想要的東西，是一種；不好意思拿回屬於自己的東西，是一種；不好意思拒絕不該自己承受的東西，又是一種。

之前隔壁部門人手不夠，部門主管李慕蘭直接闖入我們部門，進來就跟我說：「那個誰，我看你最近挺閒的，來我們這邊幫幫忙。」

哪裡看出我閒了，再說你最近看見我了嗎？心裡雖然這麼想，但嘴上可不敢這麼說。我支支吾吾，想拒絕又不好意思開口，憋得一身汗。

這時，我上司瑞秋，我的救星出現了，說：「不行啊，最近我手頭上有急事要她做，你就別折磨她了。」

李慕蘭一聽，也沒說什麼就走了。我當時就感覺神清氣爽。

瑞秋看出了我的心理變化：「你啊，就是傻，差點讓人家騙去做事。」

我很委屈：「人家也是主管，我怎麼好意思拒絕！」

瑞秋說：「有什麼不好意思的？你就說太忙了，沒時間幫他，再說你又不是她部門的人，累死自己就好意思了？」

欣賞我上司，不僅是欣賞她的能力超群，她的果斷，更欣賞她標準清晰。能幫的忙，一定幫；影響我團隊進度的，不可以。

成年人之間的「禮貌」，不是所謂的多說幾句「不好意思」，而是把自己做人的標準清晰地展示給別人看。

現實生活中，很多人和我一樣，一遇到「拒絕」二字就廢了，害怕得罪人，謹小慎微，最後只能委屈自己。如果對方領情還好，如果不領情，再多的委屈又有什麼意義？其實，不留餘地直接拒絕，何嘗不是一種善良。表面上駁了對方面子，但也讓對方有選擇的餘地。否則到了最後，騎虎難下才是真的尷尬。

作家肖瑩說：「我們都是成年人了，你不用對我撒謊、婉轉，顧左右言其他，我並不生氣你的拒絕，我只是生氣你在浪費我的時間。」

不能做的事、做不到的事，直接拒絕，於己於人都是一種善意。

如果你上班以後對什麼人都唯唯諾諾，別人請你幫忙你想都不想就答應，主管和資歷老一點的同事對你無端發火你都照單全收。那麼，你可能會成為職場裡的軟柿子，周圍的人都會欺負你，不欺負你的也不會幫你，因為幫助看起來好欺負的你會成為一種錯誤。

身為到職不久的新人，小郝為了和同事搞好關係，順利融入團體，幾乎對所有人都有求必應。久而久之他發現，自己成了全公司最忙碌的人。

同事遇到困難，好心伸出援手當然沒問題，可怕的是明明費心費力地幫同事走出困境，但最後挨罵、背黑鍋的反而成了自己，一不小心就成了背鍋專家。

小郝說最近健身時特別注重鍛煉下盤，什麼意思呢？練不穩，怎麼背鍋。他也是厲害，一般「幫忙不成反掉坑」的事，基本上都經歷了一遍。

同部門的周姐一直對他照顧有加，讓小郝感覺非常溫暖。有一次部門經理要周姐寫一個調查報告，眼看到了下班時間，周姐不想加班，便把任務推給小郝，小郝不好推託便接了下來。

第二天周姐看都沒看就把報告交了上去，結果出了很大的問題，周姐把錯一股腦地推給了小郝，最後小郝不僅加了班，還受到了責難。

不是所有的忙都能幫，更不是所有的忙都值得幫，尤其是這種「二手忙」，做不好很容易成為代罪羔羊。

我們非常容易掉入同事營造的職場溫情陷阱中，覺得對方平時對自己那麼好，關鍵時刻不幫忙，太不夠意思了。卻不知那些風險係數極高的「忙」，反而會因為沒幫好，影響了同事關係。

有一次快下班時，同事果果拉住小郝，說自己家裡有急事，希望小郝幫忙把剩下的工作做完，小郝看果果著急的樣子，就一口答應下來。

加完班回家的小郝，疲憊地滑著SNS，卻看到了果果一臉甜蜜依偎在男朋友懷裡的照片。他非常氣憤，傳訊息質問，果果不但沒有表現出一點歉意，還挖苦小郝：「反正你也沒談戀愛，不加班能去幹嘛？」

小郝當時臉都氣歪了。

同情心絕對是一件好事，但同情心氾濫就是費力不討好了。身在職場，利用別人同情心的人沒有好下場，但同情心氾濫的人同樣也不會有好下場。

社交和溝通能力，並不意味著你要跟每個人都搞好關係。要學會做一個聰明的好人，把自己有限的時間用在最有用、最值得幫的地方。

還有一次，公司的印表機壞了，小郝覺得不是什麼大問題，順手就給修好了。從那以後，不管小郝在忙什麼，只要印表機壞了，大家都會叫他去修，慢慢地其他部門的同事也知道了小郝的本事。

有一天，會計部的同事過來找小郝修印表機，他剛好手頭有急事就打算拒絕，該同事非常不滿地對小郝說：「別的部門的你都幫忙修，怎麼到了我這就忙得沒空修了？」

小郝沒辦法，只好放下手頭工作去修印表機，結果自己的工作沒有按時完成，只得留下加班。

如果你樂於幫助別人，但別人依然對你不友好，很可能是你既好說話，又好欺負。

小郝就是職場裡典型的爛好人，燃燒了自己，照亮了別人，最後卻連一個讚都得不到。爛好人，在人群中往往是最不起眼、可有可無的存在。你的來者不拒，會讓太多雜事分散精力，結果在自身專業和工作方面落後了。太容易得到的東西往往讓人不懂珍惜，你有求必應，做好了別人覺得是應該的，做不好反而引來責備。

不要太冷漠，但也不能太熱情，與人為善也要講究一個恰到好處。該幫的忙，應該義無反顧；可有可無的，不是自己分內的忙，看清楚再幫；不該自己承擔的責任，絕對不要承擔。

「以結果為導向」在職場上是個鐵律。如果你的目標是做一個誰見了都說你是個好人的人，那能幫的忙盡可以接下；如果你想要的結果是做一個可以高效工作、高品質產出的人，有些忙，真的想清楚再幫。

拒絕別人不是容易的事，不過拒絕糟糕的人絕對是一件值得做的好事。

人與人之間最牢固的關係是以誠相待，外加一點互利，不要高估自己的人格魅力。不要因為被發了「好人卡」，就無下限地做很多不屬於自己的工作。在職場上，保持自我，活出個性才是一道美麗的風景線。

大多數時候，壓垮你的不是工作，而是你身上背的黑鍋；消耗你能量的也不是工作，而是工作中遇到的人。

有人的地方自然就有江湖，如果你覺得現在的工作氛圍不好，其實換個工作也是一樣的，不見得能好到哪去。人人都要為自己的利益設立防線，到哪裡都免不了人際關係這件事，你能避得了就避，避不了就智取。

對新人來說，因為公司業務還不太熟悉，責任劃分不明確，難免遭遇其他同事對你提出超出你工作本分的求助。

雖然維繫良好的人際關係對職場人來說非常重要，但隨便幫忙會讓別人覺得你很閒，沒有重要的事可做。所以，對於不是份內工作的忙，要懂得委婉拒絕，避免替自己增添不必要的麻煩。不管是對於個人還是團隊來說，分工明確、各司其職從來都是高效工作的基礎和前提。

競爭會有，但合作更是少不了，大家你來我往，才能使自己的職場路走得更順暢。但有時候，不是心甘情願要幫的忙，做的時候真的會很敷衍。就好比當同事向你求助，你拒絕後，他卻以主管的名義相要脅，壓得你不得不接下這個任務，這時你肯定不高興，然後敷衍了事。反過來說，如果是主管或平時經常幫助你的前輩向你請求幫助，你往往會全力以赴地想要把它做到完美。

好的人際關係可以幫你更加順暢地完成任務，但同時會替你增添負擔。想要高效工作，首先就得學會高效社交。

關於幫忙，不管是主動也好，被動也罷，都要秉承著「量力而為」的原則，正確地向同事提供幫助，才能在方便了別人的同時，不為難自己。

在人際交往中，永遠不要讓你的籌碼只剩下老實和善良。超級英雄基本都是正直善良的人，但有人用善良拯救世界嗎？沒有吧，因為世界上除了有好人，也有壞人，如果只有善良，遇到好人當然會皆大歡喜，如果遇到壞人，恐怕連自己也拯救不了。

超人之所以是超人，是因為他有超能力，並不是諸如「他人很好」之類的，而普通人的超能力是什麼？是分辨真與假、善與惡、美好與醜陋的能力。遇到真善美的事物，當然要付諸全部心力；但遇到相反的方面，也不能委屈自己。

身在職場，你得搞清楚，自己是為誰辛苦為誰忙，別丟了主線任務。主線任務是什麼？為自己爭取到必要的物質基礎，同時實現自己的價值。

人和人直接的關係有兩種：一種是人際關係，是需要你花心思去維護和培養的情感；另一種是事際關係，僅限於共同把事情做好就行了。與人交往不必對所有人都傾盡真心，但永遠不能忽略應該誠然以對的人。

人們喜歡好說話的人，但尊重有原則的人

能力匹配不上善意是很危險的。在上司眼中衝在前面認錯的是傻子，能解決問題的才是人才。上司想看到的，不是頭腦一熱幫人背黑鍋的人，而是能挺身而出力挽狂瀾的人。

要做獨「當」一面的人，別做獨「擋」一面的人。有能力幫別人挽救失誤，自然是好事一樁，否則學會獨善其身，也不失為一種本事。

這不是要你為人冷漠，放棄與人為善，這是提醒你，別刻意放低姿態，人與人之間相處，婚姻也好，親情也好，友情也罷，你得讓渡一部分自我出來，才能和諧共處，但也要保留一部分自我，作為互相尊重的基礎。人們喜歡好說話的人，但尊重有原則的人。

人們在剪羊毛時，綿羊總是那麼溫馴；而人們在提取蜂蜜時，卻時刻要提防蜜蜂身上的刺。但人們讚揚的是蜜蜂，而非綿羊，甚至把世間那些懦弱的人戲稱為綿羊。失去尊嚴的給予，哪怕給予的再多，也難以得到人們的尊敬和讚美。

你可以謙卑，但一定要學會不卑不亢，不要刻意討好。

你把姿態放得很低，對方並不會因此而尊重你，反而會輕視你，覺得你是一個無足輕重的人；你把姿態擺在正常的位置，對方才會覺得和你交往是在提高自己的身價。

想要搞好關係，不能只做做表面功夫。你真心幫人家，沒有壞心眼，這些事情別人肯定能感受得到。但與此同時，避免做一個爛好人。

在關鍵時刻幫忙，那叫雪中送炭；在生死關頭幫忙，那叫刎頸之交；在倒咖啡、發傳真這種小事上幫忙，那叫「好使喚」。

人和人之間需要互相捧場，互相尊敬，互相幫忙，彼此成就，而不是一方卑微到塵埃裡，那樣換不來平等互利的關係。你為他吹彩虹泡泡時，起碼他也得知道說聲謝謝。

王爾德說：「不夠真誠是危險的，太過真誠是致命的。」

爛好人是韭菜，只有被割的命。與人交往一定要建立邊界，一旦超越界限，隨時開啟拒絕模式。善良或者好脾氣，都不是毛病，但善良本身是人生的底線管理。

這個世界是有經緯度的，不會因為你的忍讓而縮水，也不會因為你的強悍而膨脹。你要懂得遊刃有餘最好的方式是，內心柔軟而有原則，身披鎧甲而有溫度。

工作中的友誼無法回到單純無憂的狀態，它勢必是複雜且脆弱的。而我們唯一可以為對方做的，就是保有為對方考慮的真心，以及盡力保全的努力。

當你可掌握、可支配的資源越來越多，總會有人因為一些比較功利的目的靠近你，這不可避免。有的關係是訴諸利益的，你不能用「俠義」來要求所有人，但你可以從中選擇那些適合自己，願意共同尊重規則的人成為朋友。如果你們之間有一些不以利益為目的的真誠關心，這已經很難得了，值得你花很多努力去珍惜。

職場人際關係看似很複雜，如果一定要玩厚黑學，那可真是一門極深的學問，學不好會惹來麻煩。但其實也簡單，真誠待人，尊重每一個人，永遠不會錯。尊重不見得是客氣虛偽，而是從心裡把每個人當作立體的、具體的、有獨立思想和感情的人。可以保持距離，可以意見不合，可以開玩笑，但尊重是底線。

人與人之間，最好的相處模式是真誠；心和心之間，最好的鑰匙是同理。相互輕慢，只會相看兩相厭；彼此尊重，才能互相成就。

劉春說過十六字的複雜職場應對法則：不問是非，埋頭業務，身後乾淨，盡力協調。

生活最好的狀態，是清清淡淡的熱烈。做人也一樣，你要活得一半像煙火，是人就得活得接地氣；一半淡雅恬適，是人也總要有一點高於柴米油鹽的模樣。

練習 6

尋找自己的圈子

——一個人會走得很快，但一群人會走得更遠

一個公司或者一個部門就像人體，需要各個器官配合。每一個人都有價值，你不能說你是一個好肝，就能決定這個人可以活著，得心肝脾肺每一樣都健康，才能好好活著。

在地球上，沒有真正的事不關己，所有的生命都暗含聯繫。

一個人可以走得很快，但一群人會走得更遠。孤芳自賞固然勇氣可嘉，哪有惺惺相惜來得那麼動人。

每個人都帶著目的尋找自己的圈子

看到同事討論熱門話題，想參與卻暗自擔心，要是自己一張嘴就冷場了，多尷尬；看到上司在茶水間倒咖啡，邁進茶水間的腳立刻拐彎，端著杯子直奔廁所，要是不知道說什麼，多尷尬；會議室裡，有自己的想法，卻怕說的不好，被人笑話，多尷尬……

每當這時，你都在心裡勸自己，不是同個圈子的，沒必要非得說話，還顯得自己很掉漆，然後你變成了雙面人：在自己的圈子裡，張牙舞爪，氣勢猛如虎；在自己的圈子外，是Hello Kitty，默默扮演小可愛。

總有融不進的圈子，但每個人都有圈子。童年玩伴、朋友是圈子，同事、上司是圈子，陪你玩遊戲的朋友是圈子，和你一起背英文單字的同學也是圈子。人是社會關係的總和，你的各種圈子——朋友圈、愛好圈、工作圈……匯總在一起，才是你。

每個人都帶著目的找尋自己的圈子，因為圈子裡有達到這個目的的各種資訊，身在圈中的每個人都能獲得更強烈的回饋，這就是圈子的力量。

圈子不同，不必強融？那是你沒遇到必須融入的圈子。比如公司，比如團隊，你不融進去，和誰玩？

公司新來的實習生小智，承擔了不能獨自完成的工作，又不好意思開口，結果工作無法順利進行，還連累了整體的工作進度。

大家都不理解，一個新人堅持硬扛的倔強是為了什麼？有同事私底下問小智，小智還有點委屈，小聲說：「我只是想快點獨立。」傻孩子，什麼叫獨立啊？真正的獨立，不是自我安慰、自我鼓勵，而是可以柔軟，可以信任別人和適當求助。

草間彌生年輕時也曾放下身段，拜託和請求畫廊「把更多的精力放到我身上來」。這些求助的過程，才真正造就了她生活與藝術的獨立，否則世界上大概就少了一位被稱為「波點女王」的藝術家。

學生時代所有的學業和考試，都可以透過一個人的努力完成，但職場不可以。如果非要在職場踐行「一個人就是一支隊伍」，就等著玩完吧。

職場有職場的玩法，你覺得你行，你就上，為團隊爭光；你覺得你不行，說出來，大家一起解決。一件事情要想成功，靠的不是個人意志力，而是靠你的夥伴，你的隊友，團隊作戰才是王道。

學會借力與合作，往往比單打獨鬥更有效率。工作的實質，就是透過合理分工和資源分配，共同完成團隊目標。溝通和合作能力，是工作中很重要的一項能力，不要讓它成為你最大的缺點。

凡事靠自己，這是病，得治。做事靠自己當然沒錯，錯就錯在這個「凡」字。一個人自我提升的方式有兩種，一是自主，二是求助。無論你在哪個領域，從事什麼行業，都需要和別人不斷合作，你要學會主動求助，尤其是要尋找到能夠和自己優勢互補的群體。

相信團隊的力量，才能帶來更大的個人成功。一個人的能力是有限的，擁有一個合作無間的團隊，是個人能力最好的放大器。

優秀的團隊是各司其職

團隊合作很重要，但團隊合作也很講究章法、技巧和策略。我見過全是聰明人的團隊是如何拖垮一位位精英的。本來合作是要一起變聰明，結果一不小心就一起變蠢了。

理想的團隊是這樣的：大家都是各領域的精英，合作後能發揮出一加一大於十甚至一百的效果。但很殘酷，現實卻是一加一小於二。

你只要想想，一個歷時兩小時的腦力激盪毫無產出，因為大家七嘴八舌，彷彿麻雀開會，每個人都覺得自己的想法最好；一次需要快速行動的跨小組合作，是如何死在了說服各個小組成員後完美錯過最佳時間點……都說團結力量大，但是光團結起來就耗費了巨大的精力。

之前我們部門和其他部門合作一個專案，由於兩個部門的一把手都忙於別的工作，我們只能在內部推舉一位當組長。

在沒有主管的小組裡，與你同舟共濟的，是豬隊友還是神隊友，只能憑運氣。大家都知道這個組長不好當，所以誰也沒有主動站出來，最後隔壁部門的瑤瑤當選了。看著她苦著一張臉，我們表面深表同情，其實內心默默鬆了一口氣。

這個組長太不好當了，我們這兩組人，個性突出的有好幾個，有一張口就是刁難人語氣的老大哥，有業務能力不行卻試圖搶占掌控地位的邀功精，有脾氣火爆卻指望別人教的刺蝟，有打著各種小算盤的人精，有心思永遠不在工作、開會玩手機的美女，有說不上話也幫不上忙的邊緣人，還有和稀泥裝模作樣安慰的：「這個組長不好當啊，但你要是當得好，主管會誇獎你的。」就連平時說話溫聲細語的文靜女孩，也可能會被激烈的小組氛圍帶偏，全程保持一種喝多了的狀態，化身勇猛的吵架專家。

所以，每次開會都會變成群魔亂舞，大家七嘴八舌，瑤瑤完全插不上話。分配任務時間過長，嚴重影響了工作進度。最後要交企劃案時，完全沒有像樣的東西能拿出來，組員們非但沒有反省，反而怪罪起瑤瑤。瑤瑤都要悶死了。

瑤瑤有問題嗎？有，她的問題就是沒有能力當這個組長。但問題更多的還是在組員身上，大家太沒有團隊意識了，一心只想表現自己。

可見，團隊合作不總是展示出優勢的一面，它也有讓人煩惱的地方。獨自做事時效率都還不錯，只要一開會就亂成一鍋粥。有人說：「開大會解決小問題，開小會解決大問題，不開會解決的才是核心問題。」並非是因為團隊成員能力不行，甚至可以說，是因為團隊裡聰明的人太多了。

全是菁英的團隊，未必能做出菁英等級的事。因為菁英包袱比較重，「你覺得你行，我覺得我比你還行」這種心理時常出來搞鬼，大家都想展現自己厲害的一面，誰也不服誰，難免就會有碰撞。

如果大家在追求目標的過程中無法擰成一股繩，或者缺少方法和手段，那麼菁英的相聚只是一種物理反應，而無法產生化學反應。

組一個團隊不是蒐集遊戲，不是蒐集越多聰明人，贏面就越大，而是團隊配合產出的增益越多，越是一個好團隊。

所以下次你被分到沒有菁英的團隊，也別洩氣，好的團隊是可以優勢互補的，我這方面厲害，你那方面厲害，他也有厲害的方面，這樣加在一起不就是很多方面都很厲害嗎？

團隊裡的優秀指的是什麼？優秀的評價絕不是統一標準，而是各司其職，能把自己所轄範圍內的事情做好就是優秀。人不可能做到面面俱到，團隊裡每個人都有一項能拿得出手的技能就夠了。

好的團隊是在互相支撐，利益平衡，向外發展。而一旦失衡，散落一地也就變得不可避免了。

很優秀，但在團隊裡不討人喜歡，怎麼辦？

生活中這樣的人並不少見，他們對什麼都有一股衝勁，喜歡贏，喜歡挑戰，但往往目中無人，無形中得罪了很多人。本質上沒有問題，遵守規則，在合理的範圍內爭取想要的東西，有什麼錯？但是那種貌似要壓制別人的強硬卻讓人很不舒服。

毛毛所在公司的各個小組有定期互調組員的規定，毛毛早就看中一個小組，所以很早申請了。本以為是一件值得高興的事，但毛毛最近發現組員看她的眼神怪怪的。原來該組早就和另一個同事聯繫好了，沒想到毛毛成了程咬金。

我問她知不知道別人也想進，還都私下聯繫好了。

她說知道啊。

我說：「那你還插一腳幹什麼啊？」

毛毛說：「什麼叫插一腳啊？怎麼說得我像插足別人感情似的，也沒有規定我不可以去啊？」

這一下把我問住了，要說毛毛做錯了什麼嗎，也沒錯啊，無非就是進取心強一點，但是在職場，這種進取心時常被認為是不夠有同理心。毛毛這個人我是清楚的，絕對的進取派，想要什麼就會努力得到，也因此常常得罪人。

團隊成員，千姿百態，各有各的樣貌，不過綜合起來，可以歸納出比較典型的三類。**你知道有史以來最偉大的虛擬人物是誰嗎？是別人家的孩子。**而當別人家的孩子長大後進入職場，就變成了那個開會時最積極、加班最踴躍、老闆最讚許的同事。

這是第一類積極型員工。他們奉行狼性文化，屬於興奮劑超標的體質，熱血、不服輸、崇尚力量、渴望建功立業。

喜歡的人會被這種高調張揚的姿態圈粉，不喜歡的人會被壓力感勸退。因為忙著衝衝衝，難免同理心太弱，對周圍人的情緒缺乏照顧和體恤，讓人不舒服，比如毛毛。

第二類消極型員工則是能藏著絕對不會挺身而出，貌似看透了職場的本質——不過是當別人的陪襯或者為老闆買房添磚加瓦，一夜暴富是不可能了，不如輕輕鬆鬆，做完打卡下班。

平時沒事，但只要與積極型相遇，就會被實力碾壓。好像每時每刻都能感到有小鞭子抽打自己，一不小心就被扒一層皮。

除了這兩個極端，團隊裡還有過於感情用事的第三類，寵物型，別誤會了，不是被寵，而是寵別人。積極型和消極型好歹重點都是工作，而寵物型則覺得大家是來交朋友的，進行深度靈魂交流比較重要。

常常會見到這樣的熱心同事，業務不算突出，也很少捲進公司的是是非非，她把同事當知己，把上司當朋友，苦心經營著「辦公室友誼」。可職場畢竟存在競爭關係，隊友以業績為先無可厚非，過於重感情而輕工作，很可能在殘酷競爭面前淪為職場炮灰。

這三類堪稱「團隊三寶」，不能簡單地定義誰對誰錯。

積極型看似讓人壓力倍增，但也真的出眾，需要他往上衝的時候絕對不含糊；消極型難免拖後腿，但也要臉，知道自責和內疚，會改；至於寵物型，在職場裡也是難得的特質，真的到了需要幫助的時候，你就會知道他的好。

微調特質，成為職場寵兒

但為什麼他們身上隱隱有一些讓人不舒服的特質呢？

積極型沒錯，他在用自己的方式開疆擴土，這種上進心和事業心讓人欣賞，但只能遠遠欣賞，有幾個人願意和他在同一個團隊裡？要麼你跟上他的腳步，加速去追求更高的業績；要麼你離開他所在團隊去尋找更舒緩的工作節奏。要麼跟著跑，要麼走人，這也是職場常態。

所以你如果是消極型的身分，就很難受了，同事加班到凌晨你要不要跟？你心裡是真的不情願，但團隊更優秀了，業績更好了，你也因此有了收穫，變得更優秀了，結果自證，跟著加速是福報，不跟是有罪，兩個立場天然不平等，你說難受不難受。

但能說消極型就是錯了嗎？工作能做到及格以上，生活裡願意放鬆，這種人就應該消失嗎？職場是一個小生態圈，平衡也很重要。有人把重心放在工作，有人更看重生活，兩種人都有存在的權利。

不能以自己為範本去定義「不拖後腿」，也要看看個人的實際情況，別一開始就急著否定消極型。

寵物型真的不好嗎？職場那麼殘酷，能遇到這樣的人不開心嗎？沒有壞心眼，對你真誠付出，無論什麼時候這樣的人都是最珍貴的。

很多人都在說不要和老闆、同事成為朋友，這是不可能的。工作占據我們生活的絕大部分時間，和每天相處八小時以上的同事保持疏遠本就不現實。

明爭暗鬥、鉤心鬥角等競爭大戲或許存在，但也只是偶爾上演宮鬥劇，合作才是常態，在工作中收穫友情的更是不在少數。顧此失彼大可不必，正常交往的同時，保持分寸和界限就夠了。

人生是因為「不同」才精彩，職場從來不缺拚命三郎，新人談起那些「職場工作狂、業績第一人」的前輩，滿滿都是敬意，但哪個前輩把生活安排得井井有條，活得有滋有味，一樣有人愛聽，他們的人緣也不差。

野心不可恥，拚命三郎值得敬佩，但野心和情商也並不衝突。千萬別忘了還有「團隊合作」這回事，身處在一個團隊中，不能只顧及自己的訴求，而不照顧別人的實際狀況和情緒。適當給予一點同理心，是讓自己不討人厭的前提。

積極型別一出現就把消極型壓住了，沒事你也可以誇誇他，說不定效果更好，別做孤獨求敗的孤狼，要成為一呼百應的首領。也別覺得寵物型不做事，有人的地方就有江湖，但江湖也不能沒有愛恨情仇，能遇到重感情的人，也是殘酷的職場裡的一抹暖意。

看似讓人討厭的特質，只需要一點點微調，就有機會成為人見人愛的職場寵兒。靜下心來磨煉自身實力，多累積，多沉澱，把野心放在工作上，而不是時刻寫在臉上；把隨意放在心裡，而不是放在工作上；把感情放在重要的位置，而不是在其位卻不謀其政。多一些實力輸出，多一點用心聆聽，巧妙地平衡自己與別人的關係。

即使在殘酷的職場，也不止一種人生模式。況且在職場能夠出頭的，極少有真正的鹹魚。更多時候，區別只是努力的節奏和方式不同，還包括有沒有讓人看到。

團隊的最佳組合陣容是：他「情緒穩定」，不會因為壓力而產生焦慮、緊張情緒；他性格外向、開放，具有一定包容性和服從性，同時具有「責任心」。一邊努力創造價值，一邊主動考慮別人利益；一邊對自己痛下狠手，野蠻成長，一邊還會收斂鋒芒，顧及別人感受。

對於一個高效的團隊，成員之間有著清晰準確的團隊定位，彼此信任，互相協調，這樣才最有利於團隊績效。

磨出團隊的「團魂」

能活成別人眼中釘的人當然很厲害，但明星光環再耀眼，也不敵集體的作戰勝利。我們大老闆，公司創辦人的孫子，要是在古代，就是「何不食肉糜」的代言人，不知民間疾苦。好在人不壞，不壓榨員工，就是有時候難免想一出是一出。

剛好綜藝節目《乘風破浪的姐姐》紅極一時，老闆也喜歡瘋了，沉迷於該節目無法自拔。用大秘（老闆的秘書）的話說，每集開播，老闆的辦公室裡就會傳出豬叫聲。

後來，他看節目還不過癮，想實實在在地實踐一下。於是我們老闆又一次調動了自己聰明的小腦袋瓜，在會議上拍板決定，舉辦一次公司團建活動，各部門主管及以上級別的三十歲以上的女性主管必須參加，我們的大秘也未能倖免。

美其名曰：訓練主管階層，讓公司更有活力。其實後來我們才知道，他是和對家公司老闆打賭，以團建最後的簡報比賽定輸贏。真沒想到對家公司老闆和我們老闆有同樣的喜好。

起初，各位姐姐全部表示拒絕，結果老闆許諾，贏了的話，一人獎勵一萬元。連訓練帶比賽兩天，就能拿一萬，金錢的力量戰勝了姐姐們的不滿情緒。

於是，一行十幾個人浩浩蕩蕩出發了，我和瑤瑤被拉去打雜和負責拍照錄影，理由是我們的嘴算是很牢靠的，看到什麼不應該看到的糗事，不會好奇八卦和搬弄是非。好吧，我就當是在誇我。

但誰說我不好奇和八卦，我非常好奇，被拉來湊數的二位副總艾曼達和貝蒂究竟會鬥成什麼樣子；我也非常好奇，我上司瑞秋和廣告部主管李慕蘭的塑膠姐妹情會如何上演。

公司所有是非精全部聚齊，果然沒讓人失望。第一天從分房間，到吃飯，再到盥洗，給我和瑤瑤這兩個抱著看熱鬧心態的人徹底上了生動的一課：下次千萬不能摻進這樣的噁心事。

神仙打架，凡人遭殃。夾在中間的我們根本沒資格插話，只能靜靜地看各位大佬戰鬥，默默在心裡唱著「我不應該在這裡，我應該在車底」……終究是我和瑤瑤承擔了一切，所有不滿意的點全部歸咎為我們後勤工作安排不佳。

艱苦訓練在第二天一早正式開啟，比賽包括「鐵人五項」五個遊戲：你說我猜、兩人三腳（多人版）、撕名牌、單腳火車跑、無敵風火輪。

簡單的兩人三腳都能互絆；玩你說我猜時，因為貝蒂說了一句「我在公司的死對頭」，而猜的那一位直指艾曼達，然後就吵起來了；撕名牌更是慘不忍睹，差點連衣服都扯爛了……我和瑤瑤都快崩潰了，這種影片要怎麼拍下來給老闆看？

最後，大秘發怒了，從公司艱難創業史講到團隊合作的重要性，大家這才收起自己的不滿，開始正經訓練。好在姐姐們平時都很重視身體健康，身體協調性什麼的都很不錯，雖然心酸中帶點喜感，但忙亂中又不乏勵志。

比賽那一天，簡直是完全碾壓對手公司的一群選手。我也是第一次看到她們工作以外的樣子，有一種奇妙的感覺，原來她們也可以上演溫情的戲碼。

比如那個永遠魅力四射，絕不允許自己有一絲不精緻的艾曼達，為了贏得比賽，完全不在乎衣服是不是髒了，妝是不是花了；那個私底下永遠要和瑞秋暗暗較勁的李慕蘭，在看到瑞秋扭傷腳以後，也會無聲落淚；那個永遠嚴厲，永遠冷酷臉的大秘，原來也會微笑，尤其最後贏了的時候，竟然激情擁抱了每一個人。

你說她們變了嗎？怎麼可能一次活動就轉性了，她們的個性本色都沒變，只是位置不同，身分不同了。她們不再是職場上互相競爭的對立面，一定要搞得腥風血雨，而是正負相抵，相剋相生，半斤對八兩，磁場就莫名有趣起來。她們也不再是黑與白兩種對比，而是優缺共存，好壞抵消。

以我對老闆的了解，他絕對不是能想到這種結果的人，充其量，他就是覺得好玩，但這次活動確實是成功了。我知道，訓練時姐姐們似乎關係都不錯，一起排練、一起吃飯、一起睡覺。遭遇挫折了，會給你安慰；動情落淚了，會給你擁抱；訓練落後了，會給你鼓勵。大家一團和氣，像是學生時代的姐妹花，打鬧說笑，還會分享生活。

大家拖著疲憊的身體，回去笑嘻嘻地分錢，暫時休養生息，但絕對是來日再戰。回到工作崗位上，她們依然是勢如水火，競爭到底。但整件事美妙的地方在於，無論是團建活動還是工作，只要是抵禦外敵，她們全部都是分得很清楚的人，為了公司的利益，隨時可以放下個人意見，這才是姐姐們的風采。

這次活動，讓我突然想到了從各種團衍生出的一個詞：團魂。每一個團隊都有自己的團魂，那麼到底什麼是團魂？說白了，「心往一處想、勁往一處使」的呈現，就是所謂的「團魂」。

因為受到阿西莫夫機器人三大定律的啟發，我偷偷定義了團魂。既然這個定律能鎖死高智慧型機器人，那基本上也能把一個團隊鎖住。

團魂是指，永遠將團隊利益放在最優先順序。主要表現為：對團隊有益的工作絕對盡最大努力完成；在團隊利益和個人利益發生衝突時，以團隊利益為先；在團隊利益和個人利益不衝突時，努力讓團隊和個人達成雙贏局面。

團魂是一種集體無意識，是一旦進入了「想拚」的狀態後的本能反應，每個人內心的鬥志一旦被真正激發，團魂自然而然地誕生。

一群個性完全不一樣的人，有缺點，有優點，磨合出了「團魂」，這種集體散發出的美感比獨自美麗更耀眼。

大家在一個團隊是因為什麼？有的是因為大樹底下好乘涼；有的是因為想借助團隊的N大於1的力量，實現升職加薪的目的；有的是因為，無論是出於什麼目的，這種到了一個集體，獲得了向上的力量和讓自己比以前更好了，就讓人安心。

當你處在一個團隊中，你的表現代表的不只是自己。一旦跟不上進度就會影響整個團隊，讓並肩作戰的隊友承擔被淘汰的風險。**團隊的核心，是一個由一榮俱榮、一損俱損的競爭者組成的淘汰遊戲。所以每個人都在拚盡全力，榮譽感、責任感不允許任何人懈怠逃避。**

一個團隊最大的功能，是能看到一個人的成長。好的團隊，不求相親相愛一家人，但求目標一致。透過合作、完成任務，然後獲得成長和進步，最終達到考核要求。

練習 7

不著急被看見

——你要悄悄地越來越好，然後讓所有人看見

面對人生至暗時刻最該做兩件事：

第一，別出局，活著比什麼都強，無論你想要什麼，首先你得活得長。

第二，別旁觀，不要浪費了你遭遇的危機，參與其中，為未來謀劃。

坐冷板凳沒關係，只要不是坐在那發呆。

成長不難，只是你得獨自面對

每天會經歷多少次重金屬打擊樂敲打心房的時刻？很多人的答案是：無數次。那種手足無措，拘束不自然的感覺，那種「伸手怕犯錯，縮手怕錯過」的掙扎，那種「什麼都不會，馬上又學不會，立刻就要上手」的絕望，讓每個職場新人都會瑟瑟發抖。

很少有人一開始就備受重視，當菜鳥是必經的一個階段。

我表妹唐小米最近在實習。她身為一個履歷比臉還乾淨的實習生，鬼使神差誤入一家大型外商公司。加上自己是毫無技能的新人，在同期實習生都是資優生的情況下，顯得更菜。根本沒有工作經驗，連印表機也搞不定，而且科系也沒幫助，她是學歷史的。

她替前輩去開會，想拿出筆記本，結果包裡像一個黑洞，就是找不到，還得靠資優生幫忙才不至於鑽地洞，誠惶誠恐的眼神根本不敢和上司對視。

做會議記錄，認真是夠認真了，但不知道重點在哪些方面，彷彿在考英語聽力，每一個單字好像都耳熟，就是串不起來整句話的意思。小米不僅不知道自己能幹什麼，她還不知道得說明自己不會的事。這下搞得前輩也有些無語：「你不會，怎麼不早說啊？」

在周圍全都是過來人和菁英的環境裡，小米和很多職場小白一樣，手足無措，不知道自己能幹什麼。當初準備大幹一場的傲氣早已隨風飄散了，現在連「被需要」的感覺都找不到，孤獨感、疏離感也油然而生。

上司根本不關心她有什麼個人想法，責備和譏諷也許會遲到，但每天都不會缺席；前輩對她的期望值基本為零，當然抽不出時間專門帶她。上司不看好她，同事自然也不會青眼相待。

畢業前，小米覺得自己無所不能，青春圍著自己轉，未來雖然懸而未決，但一定指向美好結局；而現在，小米覺得自己一無所成，連做個會議記錄都會搞砸，怕同事看到，只能躲在廁所偷偷哭。可當她回到家，面對家人，還是選擇報喜不報憂，說自己一切都好。

職場並不總是冷冰冰的，還有一些出其不意的溫暖會撫慰人心。組長雖然很暴躁，但是很愛護下屬，絕不允許自己的人亂背鍋；漂亮的女同事很高冷，但是心地善良，看到小米不會用印表機，會選擇不傷害她自尊心又能教她的方法指導；資優生知道她什麼也不會，也不會公開嘲諷；曾經有過小衝突的同事，也沒有變成仇人；和搭檔吵了架，也學會了一笑泯恩仇⋯⋯

畢竟，一個人在職場本來就是孤立無援，如果再不能找到自己的同類，找到讓自己最舒適的方式，那每天上班，最累的可能不是工作，而是如何自處。

很多人第一次真切地感受到「心累」，就是剛開始工作時。工作中的迷茫不像上學那麼簡單、直接又粗暴，零分就是零分，沒什麼可說的。雖然考試也是面對未知的結果，但是有許多人會一起努力。

而工作的「結束」是遙遠的，沒有人會馬上就退休，更不知道自己十幾年所學到底能成就怎樣的自己。儘管會受到來自同事的幫助、主管的提攜，但真正能幫你站住腳的，永遠是自己。

在一無所有時，你一定會經歷一段默默無聞的冷板凳時光，此時最需要的是沉住氣，別小看自己，去默默耕耘，經受歷練。

人的一生總有幾次至關重要的蛻變，會讓你變得更好，但蛻變往往是由內而外的轉變，所以多數時候只能靠你自己完成。也並非因為成長太難，只是如果你不肯獨自面對，總指望別人施以援手的話，是沒辦法真正成長的。

坐冷板凳無所謂，但不要坐著發呆

每個人都有坐冷板凳的時刻，這一點不分新人還是老人。有的是被迫的，比如一直不受重視，長期鬱鬱不得志；還有的人是主動選擇的，比如就是沒什麼追求，自願在冷板凳上發呆。

這是一種什麼心態呢？有點類似於網路上的一個熱門金句，描述沉迷熬夜的年輕人晚上的心理狀態：「也不是不睏，就是想再等等，具體等什麼呢，我也不知道。」這句話也完全適用於冷板凳心態：「也不是想坐冷板凳，就是想再等等，具體等什麼呢，我也不知道。」

「六月的信用卡帳單出來了，再過幾天也要繳水電帳單，而我的工作還遙遙無期。」說到這裡，柳子瑜皺著眉頭、面無表情地滑著各種徵才資訊。

柳子瑜上一份工作是業務，由於公司不景氣，她離職了。沒工作也不太慌，上班時就兼職代購，現在正好可以全職。之前柳子瑜就有全職做代購的想法，可見這次離職也不是完全的頭腦發熱。

辭去工作，代購成了她主要的收入來源，但明顯感覺有些吃力。工作五年雖然沒存到什麼錢，但也不至於負債，每個月的薪水都能支付開銷。代購的收入不像上班那麼穩定，但柳子瑜還是喜歡代購，本來她就喜歡買買買，現在時間更自由了，儘管辛苦，但賺的錢也夠花了。

但一場不大不小的病痛打亂了她的計畫，也可能是代購太累導致的。躺在床上等待康復的柳子瑜，茫然地望著天花板，代購是肯定不能繼續做了，她的想法有了轉變，為了幫自己存點救命錢，還是重新找一份工作算了。

但放下容易，拿起來可難了。離開職場的大半年，每次一想到找工作就想逃避，遲遲不願意面對求職這件事。一想到要被面試官反覆審視，她就覺得彆扭。

於是她安慰自己：「再等等，不著急，反正病剛好。」就這樣，柳子瑜耗到了過年，中間還是代購了幾次，畢竟還是要吃飯的。年後正好是徵才高峰期，到時候有大把工作機會。

然而所有的計畫都被一次全球事件打亂了，既無法找工作，代購事業也根本沒辦法做了，柳子瑜徹底處於無收入狀態。

她有點慌了，焦慮感也如影隨形：「投出去的履歷全部石沉大海，現在太茫然了，剛畢業的時候都沒這樣，不知道該幹什麼。」她很後悔，沒早點開始求職，如果早點，自己也不至於像現在這樣被動。她只能一邊焦慮，一邊投履歷，沒有回應就更焦慮。

但焦慮哪有結束的時候啊，走路時還會不小心踩進坑裡，更何況人生路上的各種坎坷，**如果發現自己掉進坑裡，你要做的是趕快爬起來往前走，不要欣賞那個讓你摔倒的坑。**

人生高高低低，起起伏伏，三衰六旺時有發生。遇到一點困難就怪命運不公，其實是受到的打擊還不夠，才覺得只有自己會遭受磨難。放眼四周，誰沒有一點心酸往事呢，大家都有故事，不是只有你一個人經歷悲慘世界。

坐冷板凳沒關係，只要不是坐在那發呆，等真到了要你離開凳子時，腿也麻了，腦子也不靈活了。就像需要你勇攀高峰時，你沒帶夠工具；要你爬崎嶇陡峭的山路，你又沒那體力，那你就只能去坐冷板凳了。

天上不會掉餡餅，所以只能自己做大餅。

漁夫在無法捕魚時，會選擇修補他的網。**當人生停滯不前或是狀態不佳無法出門**

時，你可以一邊做著力所能及的事，一邊隨心讀書，隨性做事，在這個過程中，不知不覺就重新織起了一張為你網羅東西的細密的網，正是這些必要的充電期，才助力你成為完整的自己。

別被變化打倒，才想起要改變

你永遠不知道明天和意外哪個先來，因為明天和意外總是一起來。未雨綢繆很容易理解，但真正願意做的永遠都是少數。我們最喜歡趕鴨子上架，不逼到一定程度永遠覺得歲月靜好。

宅在家裡看劇多爽啊，吃火鍋喝奶茶不香嗎？當廢柴也沒什麼不好，買買買比存錢更爽，待在熟悉的領域比進入新環境更讓人安心……這是人性，有時候真沒辦法。還有，就是「堅信壞事不會落在自己頭上」的僥倖心理，也讓人懶得心安理得。

而現實總會突如其來給你當頭一棒，你遲早會發現，黑天鵝的出現頻率都要比家禽頻繁了。

週末，一個前公司同事約我出來坐坐。見了面才知道她去年年底就從公司辭職了，最近才開始找工作。

問及辭職後這段時間的經歷，她有些無奈地告訴我：「去年辭職後，感覺離過年也沒多久了，想著上一份工作做了快八年，就打算給自己放個假休息休息，沒想到這一休就快半年了。」

好在期間報考了一個在職研究所，多少學了點東西，認識了一些人。不過自從開始找工作才意識到，這些似乎都沒什麼用。

做了八年的行政工作，徵才網站看了一圈，似乎除了行政就沒有什麼別的能做的。去了幾家公司面試，一起面試的都是二十出頭的「小孩」，「ＨＲ每次看我履歷的表情都像是便秘一樣難受。」

再加上不得不換行業，最終除了年齡大和閱歷豐富之外，就沒別的什麼優勢。「真沒想到竟然在這個年紀成了『資深新人』，好歹我之前還是個經理啊……」看她焦慮的樣子，我似乎能想像那些面試的場景，雖然尷尬，但還是得硬著頭皮上前。

我看了她的履歷，就是那種從徵才網站下載的標準範本，沒有業績資料，也沒有重點專案經歷。我呢，也很久沒寫履歷了，就把她的履歷寄給伊芙幫忙改改，畢竟人家是真的資深人力資源主管。

全面修改之後，伊芙還提供了一些目前比較有規模的徵才平臺，最後談了談面試技巧和準備工作。同事千恩萬謝，還說找到工作一定請我們吃飯。

重新成為一個職場新人，在如今更新反覆運算如此之快的時代，也不是什麼稀罕的事，有時候你什麼都沒做錯，只不過是所在行業已經不行了，你被迫要重新開始。

怨天尤人是沒用的，既然在尷尬的年紀成為職場新人已經是必然的結果，那只有改變心態，充分揚長避短。最怕的不是你處在一個職場新人的狀態，而是你明明如此，卻拿不出改變現狀的方法，那才是最悲哀的。大家都有困難的時刻，要是你自己先把自己困住了，誰還能拉你一把？

危機的發生、黑天鵝的出現，並不只是帶來了傷害，也可能讓你從迷局中醒過來，讓以前故意忽略、拖延、沒有意識到或者認知不足的問題集中爆發出來，逼著你去解決。

在現實的打擊之下，你會看到朝九晚五的人，有的被炒了，有的薪資下修；沒班可上的人，找不到工作，交不起房租，還不起信用卡、貸款。大家普遍後悔莫及，「洗心革面、痛改前非」成了短暫的人生主題。真怕待一切重回正軌，搞不好又要故態萌發。

那種失控、失序的時刻一定不會讓人滿意，生活中唯一不變的就是變化本身，為什麼每次都要等到被變化打倒在地，才驚覺應該改變呢？

有的人認為人生短暫，將享受當下、及時行樂奉為信條，可人生的目標可不只是活完一天又一天。享受生活的前提，是好好地活下去。所以要學會創造時機，而不是等待時機。

聰明的人，是會計算付出值不值得的。日常付出小小的努力，來提高自身能力和應對變化的本事，是一筆穩賺不賠的投資。因為有備而來的你，遇到危險扛得住，碰到挑戰不怕輸，跌落谷底也能很快爬上來。你人生的掌控者，不是不確定的大環境，而是真實的自己。

廖一梅說：「人應該有力量，揪著自己的頭髮把自己從泥地裡拔起來。」改變自己這件事，光有願望是不夠的，還要有力量，把自己從過去的失敗中連根拔起，即使血肉模糊也在所不惜。痛是一時的，得到的是一世的。

網路上曾經討論過一個問題：人在年輕的時候，最核心的能力是什麼？

其中一個許多人按讚的回答是：很多能力都很重要，但最核心的能力我認為只有一個：篤定一件事並有耐心長久堅持的能力。

商業研究者張瀟雨也說過：「如果你贏得了某場競爭，很大的機率不是因為自己做對了什麼，而是對手做錯了什麼。競爭其實是由忍耐和煎熬組成，你贏了是因為你做好了自己，而且有足夠的耐心，等到了對方的失敗。」

有耐心意味著什麼？它意味著，你心無旁騖，相信價值，你不焦慮、不急躁、不盲目跟別人比較，你有自己的節奏，願意投入精力，做讓自己驕傲的事情。

有耐心的人相信時間的力量，明白挫折和困難是常態，真正的成長需要長期的付出；明白做一件事沒有捷徑，必須耐心地打磨每一個重要環節；明白一個人完成大的飛躍需要一定的週期。

人生猶如大海般變幻莫測，前一刻還風平浪靜，後一刻就波濤洶湧。有的人學會了乘風破浪，有的人則永遠歸於沉寂。兩種不同的結局，就在於是否能做到：絕不會因境遇的改變，就否定自己。

人生有豐年，也有荒年。豐年的時候，別瞧不起咬碎牙齒也要撐下去的努力；荒年的時候，靜下心來修煉自己。人生可以有低谷，心態不應該有低谷。弱者從高處跌落後，往往鬱鬱寡歡，選擇消極度日；強者卻能在一朝落魄後，選擇放低姿態重新開始。

所謂的強者不在於夠得有多高，而在於能蹲得有多低。

我們都曾被現實反覆打臉，覺得一切都沒有意義，想在黑暗裡找到光，但是反過來想，如果自己被不停地打擊，不停地被黑暗吞噬，那不正說明自己是光嗎？

每一種優秀都有一個潛伏期，在該蟄伏、該沉澱、該累積時，別急著重拳出擊，搞不好會成為最大的敗筆；事情沒成功之前，也別急著聲張，如果沒成功就說出去，萬一失敗了，就是打臉，成功了，別人也不意外。

要永遠保持學習的狀態，無論能否一下子看到成績，有時候沉澱自己比表現自己更強大。努力學習，不是為了看起來多厲害，是要保留無論順境還是逆境都有再次厲害起來的底蘊。

要先迷上自己的生活，把眼下的事處理好，然後你才會遇上很多精緻的東西。

要有自己情緒的意志，並堅定貫徹下去，努力得到想要的結果，過程中順利輕鬆地把傷害減到最低。

你會經歷很多沒有人為你鼓掌的暗淡日子，這很難熬，但人在艱難時所做的決定，日後身在高處也不會忘記。任何時候都要保持獨立思考的能力以及乘風破浪的勇氣。

你要安靜地優秀，悄無聲息地堅強。只有自己變強大了，其他事情才會跟著好起來。只有咬牙走過了至暗時刻，才會讓高光時刻更加豐盈立體；只有悄悄地讓自己越來越好，最後讓所有人看見的時候才會更加璀璨奪目。

風光無限是你，跌落塵埃是你，經歷風雨是你，無謂得失是你，重點是「你」，而不是「怎樣的你」。既有擔當主角的實力，也有甘當配角的自信，可一旦到該發力的時候，全世界都是你的。

願你做一個強者，能容得下自己的風光，也能按耐得住自己的囂張；能經得起人間的厚待，也能受得了人間的慢待。你認真度過的每一天，都會為你遠一點的未來，更遠一點的未來，增加變得明亮的機率。

生活的真相或許是，付出了前面99%的努力，卻只換來你想要的1%；就在你想要放棄之時，命運的轉捩點卻悄然而至。

練習 8

好好待人

——發自己的光，不要吹滅別人的燈

人和人是不一樣的，有人月入十萬，有人月入十萬卡路里；人生的巔峰時刻，有些人覺得是終於站到聚光燈下被眾人看到的那一刻，有些人覺得是內心那盞燈「啪」的亮起的那一刻。

你有在大雪紛飛的冬天裡穿短袖的自由，別人也有在豔陽高照的夏日裡穿長袖的權利。你不能罵人家夏天穿長袖就是傻，就像別人也無權罵你在冬天穿短袖就是蠢。

開口評論很簡單，尊重差異價更高，無非兩句話：關你什麼事，關我什麼事。

比讓別人知道「我過得比你好」更安全的是「我過得比你慘」

年輕人的奮鬥應該被嘲諷嗎？

奮鬥肯定應該被鼓勵，要嘲諷的是把奮鬥流於表面的人，因為他們的「樣板式奮鬥」讓真正奮鬥的人覺得被拉低了價值。所以我們都討厭身邊那些形式主義加班狂。

之所以說是「形式主義」，因為被吐槽的與個人努力和奮鬥無關，演戲的意圖才是真的。以前我工作的單位，有一位同事讓我很反感，反感到現在我都記得他。

反感他什麼呢？反感他的加班行為，如果是工作量太大，加班成常態，已經和公司融為一體也就罷了。他不是，他是正常上班時間摸魚、睡覺、打遊戲，快下班才開始工作。

他被鄙夷的行為包括但不限於：晚上十點半在工作群組裡提醒這個提醒那個，向上司和同事報告工作進展；深夜轉寄郵件，並在SNS上發一張證明自己見過凌晨兩點的某個地方的照片，文案的正能量中透著一絲恰到好處的疲憊……

雖然無法斷定老闆是否真的讚許，但每個已經躺在家裡的同事都難免會心生不快：這也太做作了吧。大家都是職場人，誰還沒點職場的常識，誰還不知道「老闆沒看到就等於沒做」這個道理呢。

這樣的人太可恨了，他們以奮鬥為名，單純地透過時間累積，以免費玩命加班為手段，做著突破下限、損害其他人利益的事。透過「拉長工作時間、瘋狂加班」獲得上司肯定，上班時間效率低下，下班時間埋頭苦幹；表面自我獻祭，實則缺乏策略。

他們將奮鬥宣傳內化於心，卻不知道為何而奮鬥，這樣的人被稱為「裝狼的哈士奇員工」。被喻為「雪橇三傻」的哈士奇，表面上與狼是近親，實際上只會頭腦簡單衝衝衝。

奮鬥本身是好事，職場人能透過奮鬥提升自身能力得到晉升。奮鬥者不應該被嘲諷，但是偽奮鬥者是毒瘤。區別就在於奮鬥者知道自己的目標，為自己負責去努力，有良好的工作狀態；偽奮鬥者只想對上表現自己，是毫無實際價值的演戲。

當奮鬥變得人人喊打，一定是有人先破壞了規則。當「偽奮鬥」成為主旋律，那麼奮鬥在人們心目中的形象就會崩塌。儘管我們都知道二者截然不同，但實際上，被污名化的奮鬥成了職場人的情緒垃圾桶，怨恨一上頭，二者的關係就變得難捨難分：燃燒自己照亮隊友，也意味著提高老闆期待值，引發競爭焦慮。

偽奮鬥者什麼時候才能明白，這樣的加班可稱不上什麼奮鬥，只是浪費公司電費和自己的時間。

偽奮鬥者不斷做一些突破下限的事，結果是，奮鬥的風評被害，以至於那些真正奮鬥的人也沒有得到善待。

昨天下午，我去茶水間沖咖啡回來，看到新來的實習生小方在偷偷抹眼淚。

我覺得不對勁，就上前問她：「妹妹，怎麼了？」

原來，小方是她們寢室唯一成功考上研究所的人，本以為一直視為朋友的室友會祝福自己，沒想到趁她去洗澡的時候，她們卻在偷偷地議論：

「你看她那個拽得二五八萬的樣子，不就是考上研究所嗎，有什麼了不起的？」

「我們寢室就她一個人考上了，我不懂這有什麼好說的，嘲笑我們嗎？」

「她就是嘲笑我們啊，就她最聰明，最厲害！」

要不是回來拿毛巾，她根本想像不到室友會在背後這麼說她。小方崩潰了，跑回浴室大哭，把水龍頭開到最大，來掩蓋自己的哭聲。

小方一邊抹眼淚，一邊說：「姐，我一直忍著沒哭，剛才實在忍不住了，對不起。」

我說：「沒關係，沒關係，哭吧，哭完就舒服了！」多麼善良的女生，難過時還怕影響別人。

最後小方又問我：「我到底做錯了什麼？」

我看著哭得梨花帶雨的小方，對她說：「其實也沒什麼，只是下次笑的時候小聲點。」

同甘不能共苦的事太多了，但同苦不能共甘的事也不少。世界上沒有感同身受，是因為有的人無法理解你的痛苦，同樣也無法理解你的快樂，因為你的快樂讓不快樂的他很不爽。

「當別人都關心你飛得高不高時，只有我關心你飛得累不累。因為如果你飛得又高又不累，我心態可能會崩。我希望你過得好，但不希望你過得比我好。」見不得別人好，是一些人心底深處潛藏著的惡意。自己粗茶淡飯絕對沒問題，但是只要看到認識的人吃了一塊炸雞，馬上就心態崩潰了。如果自己得不到，寧可毀掉。

無數「恭喜恭喜」背後，其實藏著翻上天的白眼。你啃雞腿，別人吃鹹菜，那麼不吃出聲音是一種善良，但是當他們看你不順眼時，你不吃出聲音，他們也會找你麻煩。

有些人的開心是需要用別人的倒楣來襯托的，有些人的快樂是需要用別人的不幸來替代的，有些人的成就感是需要用別人的無能來襯托的。

他們自己活成了井底之蛙，日子過得一地雞毛，完全見不得別人的好。只要看見和自己選擇不同的人，一定要全力打壓，這樣才能安撫一下自己的痛感。

有福同享，有難同當的意思有時候是：我只能接受你最小值的喜悅和最大值的悲傷。

笑的時候小聲點，哭的時候大聲點，意思是，比讓別人知道「我過得比你好」更安全的是「我過得比你慘」。

但我還是跟小方說：「如果一個人要討厭你的話，怎麼樣都能找到討厭的理由。所以不要難過，接受被討厭，因為愛你的人還會繼續愛你。」

不管你多麼優秀，遇到討厭你的人，你就是沒用；不管你多麼真誠，遇到愛計較的人，你就是無情；不管你多麼簡單，遇到心眼多的人，你就是奸佞；不管你多麼聰明，遇到算計你的人，你就是不行。

眾口難調才是人生常態，你的一言一行，都有人評頭論足：你善良，別人說你沒腦；你沉默，別人說你沒用；你冷靜，別人說你孤傲；你開朗，別人說你隨便。不管你做得多好，總有人不滿意，不管你行得多正，總有人挑毛病。

所以不是你不好，而是你遇到的人不對：在乎你的人，你怎麼樣都行；討厭你的人，你再好都不行。

我們總會被外界的聲音干擾：你不高興，別人說你想太多；你不享受，別人說你矯情；你不興奮，別人說你冷漠……你有沒有想過：不高興是因為真的被冒犯，不享受是因為確實很一般，不興奮是因為感受過更興奮的。你的感受，你的情緒，是一件很重要的事，大可不必因為別人的看法，忽略自己的感受。

你不需要別人的認可和否定來自證，內心的強大才是真正的強大。做好自己，不解釋，時間會給出最好的證明。

至少有一件事永遠不會錯，努力後才能拿到各種機會的入場券，奮鬥後才能擁有高級選擇權。努力不丟人，嘗試過才會發現，透過自己的努力獲得了想要的東西，真的爽多了。

不活在別人的評價裡是一種修行

在成功的眾多因素中，「努力」是最常被提起的，也是被鄙視最多的。它從什麼時候開始成了貶義詞？大概是，每當努力和天賦、選擇、運氣這樣的詞相遇，努力就只有被壓著打的份。

對努力的厭惡感源於從小到大我們被灌輸的「努力論調」實在太多了。當我們發現不是所有事情都能透過努力解決後，我們開始懷疑努力，甚至開始叛逆與厭惡。

我們開始思考「你真的很努力」到底是不是一句好話？當我們成功做成一件事：「你太聰明了！」、「你好棒！」；當我們失敗了：「我知道你努力了，但是……」努力的後面，總跟著「但是」。慢慢地，我們開始把努力藏起來，因為在努力出現的情景中，好像總與失敗相關。

對「努力」的歧視感源於，比起那些「成功得毫不費力」的天才，憑藉自己的努力獲得成功好像略顯笨拙。如果沒有成功，那就更丟人了。就像上學時，總有人明明廢寢忘食讀書，還總是聲稱沒複習，每次考試完還痛心疾首說自己考砸了，成績一出來，總是逃不出前五名。到最後你發現，只有你是真的沒複習。

這樣的人和形式主義加班狂一樣討厭，只不過前者是假裝努力，而他們是假裝不努力。

為什麼要把努力藏起來呢？不過是提前為自己的失敗留好了退路。

《拖延心理學》裡說：「你故意讓自己輸，比如，用一隻手打高爾夫球，這樣你就可以為自己慘敗的得分找到一個藉口：『嗨，我只不過用一隻手打球！』這種『自殘』是一種間接保護自我和自尊的方式。就是要努力告訴別人和自己：『我失敗了，但是這是我自願的』。」

如果真的失敗，我們希望這個理由是「缺乏努力」，而不是「我努力了也做不到」。同樣地，當看到別人取得優異成績時，我們不會第一時間歸功於「他很努力」，而是找到「天賦、幸運、選擇」這些點，說服自己與對方之間的差距不可縮小。放大自己與別人的差距，然後告訴自己努力也沒用。

所以努力成了一種原罪，身在其中的每一個人都感到極度不舒服。我總是不禁去想，是否存在一種不讓人討厭的努力方式？

漫畫《貓之寺的知恩姐》裡有一句話：「無論是多好的人，只要他一直努力上進，那他一定在某人的故事裡是個壞人。」

比如，職場上往往對那些迅速有好表現惹人注目的人不太友好。以前公司同時錄取了兩個大學生，一個是國立前幾名大學畢業，一個是普通私立大學畢業的。

上司心裡難免有些偏愛「國立」同事，該同事形象、穿衣品味都很好，人緣不錯，還擅長交際，很快就融入團體。

「私立」同事呢，話不多，但是學東西很快，前輩帶了一段時間，就能自己獨立做事了。有時候下班也不走，要麼覆核當天的工作，要麼看看過往的案例，看起來是很有上進心、很勤奮的一個人。

但這種情況，和部門整體氛圍比起來，有點不和諧。好像大家都是正常速度運行，但你偏偏要二倍速，這就顯得其他人慢了。尤其是那些沒事摸魚的人，私底下偷偷議論：他上輩子沒工作過嗎？為什麼這麼拚命？就是做給上司看的，太缺乏團隊精神了；開會時還質疑其他同事的方案，怎麼只有他的方案可行嗎？……

不管你多麼低調，只想默默耕耘，只要你的耀眼程度擋到了後面人的光，就會有人不喜歡。

難能可貴的是，雖然引起了爭議，也沒見他因為外界的聲音打亂腳步。要知道，不受別人的影響實在太難了。

他一年後就透過內部徵才去了核心部門，沒幾年，已經是公司最年輕的副總監了。而和他一起進公司的「國立」同事，雖然也很優秀，但是執行能力不太行，離職時還是普通員工。

有時候，你的優秀在別人眼裡是一種罪過，所以為什麼要往身後看呢？不用管其他人說什麼，勇往直前就好了，人生終究是你自己的。

你強，你紅，別人才肯花心思研究你、琢磨你；你弱，你爛，別人都懶得議論你。不評價別人是一種修養，不活在別人的評價裡是一種修行。

一個人勇敢做自己，不被規則條框束縛，堅持一份處變不驚的心態，遇到的困難遠比想像中多得多。這也是為什麼永遠不要小瞧在喧囂聲裡知道自己要什麼、怎麼走的人。哪怕他們走得踉踉蹌蹌，姿態不夠好看，也不得不承認，勇氣才是無價之寶。

走著走著你就會發現，原來你已經比一起出發的人，走得更遠，站得更高了。慶山說：「速度不緩不疾，自有安排妥當的節奏。該收斂的時候絕不逞強，該出擊的時候絕不保留，該保留的時候不會盲目，該竭力的時候也不氣短。」

種自己的花，愛自己的宇宙，發自己的光

有些人特別喜歡插手別人的生活，結了婚的替單身的人乾著急，離了婚的覺得別人的婚姻都是假象，生了孩子的覺得不生孩子都是自私，先工作的就覺得讀研究所是浪費生命，自由職業和創業者覺得上班族在出賣靈魂，買了房子的告訴別人砸鍋賣鐵買房子才是正經事……人啊，說到底都不覺得自己的選擇是對的，所以才喜歡用拉人下水的方式找認同。

我的朋友愛麗絲，和我一樣喜歡烘焙，當然，我是喜歡吃，而她是真心熱愛。畢業以後，她找了一份安穩的工作，朝九晚五，工作節奏舒緩，工作之餘專注烘焙。她過得怡然自得，但時不時就有人問她：「你真的甘心一輩子過這種生活嗎？」

這令她相當費解，我也一樣。一個沒有沉重家庭負擔的人，為什麼不能選擇一種愉悅自我的生活方式呢？難道只有兢兢業業，拚死拚活工作，才是對的嗎？如果這種平凡而美好的現狀是她希望的、選擇的，何必要為了別人眼裡的成功去鞭策自己呢？

有人喜歡都市，有人嚮往田園，原本只是個人選擇。可是為什麼喜歡都市的人，動

不動就遊說喜歡田園的人：田園有什麼好的？你是陶淵明嗎？都市多好啊，繁華又熱鬧，應有盡有。當想去都市的人，最終留在了田園，這是悲劇；但那個原本就喜歡田園的人，如願以償地留在了田園，並且活得滿足和快樂，那叫夢想成真啊。

很多人都嚮往都市，但我們的價值觀裡，能夠允許有人不去都市嗎？每個人都在說「祝你快樂」，但我們的文化體系，應該允許對「快樂」有不同的認知。

你能說喜歡花花草草的人沒有努力生活嗎？你能說喜歡朝九晚五的人沒有努力奮鬥嗎？換言之，我們的價值觀裡，應該允許人們自由選擇喜歡的職業和生活方式。

為什麼普通人就沒資格為自己做選擇？一定要跟別人一樣才算好？最討厭那種說「你沒這個條件，就不要奢望……」的人。人都是從還沒條件卻奢望遠方才開始進步的，這種狀態，如果換到在綜藝節目裡別人問起來，一律叫作「有夢想」。

也許你博學多才，但不要嘲弄別人的見識；也許你情趣高雅，但不要貶低別人的興趣；也許你學歷頂尖，但不要輕視別人的能力；也許你單身前衛，但別認為結婚生子落後。

人們驚嘆世上沒有一模一樣的兩片雪花，卻沒人在意每顆馬鈴薯也同樣獨一無二。無所謂哪種人生更好，因為每種人生的背後都有不為人知的辛酸，關鍵是按自己的意願

生活，你就找不到怪別人的理由。

「長大後想做什麼」這個問題，以前標準答案都是科學家、醫生、老師……你再問現在的孩子，網紅是不少人的選擇。家長肯定著急，從小就這麼不務正業，長大後怎麼辦。

當孩子的夢想多了一個選項，真的是一件值得擔心的事情嗎？也許家長擔心的不是孩子以後成為網紅，而是擔心孩子的眼裡只看到網紅的光鮮亮麗，卻忽略了他們背後的努力。

努力沒有錯，只是我們都應該尊重與善待別人努力的方式。努力不該是一種表現形式，應該是自由選擇後的一種狀態，是「我可以過好自己生活的證明」。不是每個人都要長成參天大樹，做一朵可愛的小花也很好，開心時孤芳自賞，難過時悄悄合上。畢竟，參差百態才是幸福常態。你只管種自己的花，愛自己的宇宙，發自己的光就好，讓別人掌握屬於他們自己的燈吧。

練習 9

得體地刷存在感

——你的優秀沒被人看見，會自動被歸類為平庸

理想是：「初次見面，請多關照。」

現實是：「初次見面，你在這裡微不足道。」

愛是從不知曉自己的深度，直到別離的時刻。就像我們從來不知道自己在公司的地位，直到離職時才發現一個送行的人都沒有。

職場最致命的不是你的能力不足，而是沒有存在感，無法「被看見」。

比起讓人討厭，沒有存在感更可怕

我就是一個存在感很低的人，當然這和我的性格有關，每到一個新地方，我就習慣性先把自己「藏」起來一段時間。上學時，基本上很長時間老師才會記住我的名字。

進入大學之後，情況也一度很糟糕。有一次，天氣狀況惡劣，電閃雷鳴，暴雨不停，學校通知放假。當時寢室裡其他三個人都收到了放假消息，我卻沒收到。

我問她們：「你們怎麼知道放假的？」

其中一個室友說：「你沒看年級群組嗎，群組裡不是通知了？」

隔了一會兒我才反應過來，問：「我們什麼時候有年級群組？」

後來才知道，開學不久，各個班的班長就把班上的同學拉進了年級群組，只有我一個人被遺忘。

我找到班長，請他把我拉進群組裡時，他才恍然大悟：「原來是你啊，我一直納悶，怎麼看都少一個人，就是想不起是誰！」

這樣存在感低的事情，還有很多。畢業剛工作時，我也是職場透明人。我和同事一起走，迎面走來的其他部門同事，都會主動跟我同事打招呼，然後他們聊了一會兒，目光一瞥，才發現，原來旁邊還有一個人啊。

有一次，我在公司門口看到某位同事，好不容易鼓起勇氣打招呼。當時努力和他說話的樣子，像極了商場裡的銷售小姐。

結果對方一臉疑惑地說：「嗨，你是來找誰的？」

我尷尬到差點失去表情管理，好不容易擠出一絲微笑說：「我們是同事。」

他回想了一下，然後撓撓頭說了一句：「不好意思，我真的想不起來，你叫什麼名字？」

我感覺要社會性死亡了，所以我非常理解有社交恐懼症的人，有時候不是生來就是社恐，可能就是某一次突然感覺被忽視了，就再也不敢隨便開啟社交模式了。所以每到一個新環境，我就會做一段時間透明人，不被人記住，不被人注意。

其實我看似內向又害羞，不善社交，但都是認識的初期，只要時間久了，就會變成另一個人，用我朋友的話說「沒想到你這麼有趣」。

張小嫻有一句話：「想要忘記一段感情，方法永遠只有一個：時間和新歡。」對我來說，想要融入一個陌生環境，方法只有一個，就是時間。

曾經有很長一段時間，我就是那種「交給我什麼工作，我就默默做完交差了事」的人。想法很簡單：我把事情做到八十分以上，就很不錯了，而且有時還會做得更好一點，難道不值得表揚嗎？

後來我發現，這其實很被動。時間確實是個好東西，但有時候你就是沒有時間讓別人充分認識你，你的展示範圍，始終在別人給的範圍裡。真正擅長的部分，往往要等某個「剛好需要」的時機才能展現，如果沒有這個剛好的時機，就只能忍著。

我自己總結了一下，這些年如果有什麼收穫的話，那就是：比起讓人討厭，沒有存在感這件事更可怕。

你有拿得出手的技能，就要展示出來吸引別人關注，而不是整天苦惱被環境限制派不上用場，感覺自己懷才不遇。

狄更斯在《孤星血淚》裡說：「機會不會上門來找人，只有人去找機會。」即便沒主動去找機會，萬物也遵循吸引力法則，你多讓人看見，機會也願意離你更近些。

得體地展示自己的能力和價值，就是職場裡需要的「表現」

工作中最吃虧的做法是，幹活時拚命努力，彙報時草草了事。如果你有優點，就別藏著。要讓人「看到」你，除了勇於爭取權利，努力發聲之外，別無他途，在任何領域、對任何人而言都一樣。

前段時間，我參加了一場同學聚會。幾杯酒下肚，以前關係不錯的同學忍不住找我傾訴：她每天兢兢業業，加班到最後一個走，結果好幾次提升職都沒結果，上司的評語竟然是「你的工作沒給我留下太多印象」。反而是剛來的實習生，因為在開會時展示了一個ＰＰＴ，一下就贏得全場的掌聲，以至於在老闆面前存在感爆表，越來越受重視。

最後她說：「我真的太悶了。」

這種感覺我太明白了，要說我最討厭的工作環節，就是彙報和跨部門溝通。明明忙了一天，但彙報起來就像自己什麼都沒做；跨部門溝通時，總是小心翼翼，還要被上司追問：為什麼這件事你還沒有進度？

每次想爭辯，話到嘴邊就卡住了，想說的話就是不知道怎麼說。到最後，只能一個人憋著氣，經常委屈到想要原地爆炸。

我勸她：「下次你也做一個ＰＰＴ。」

同學幽幽地說：「其實我也做了ＰＰＴ。」

我很驚訝：「那你怎麼不拿出來啊？」

「也沒有人說要用ＰＰＴ展示啊。」

「那你做它幹嘛？」

「我做出來就是為了先備著，萬一要用呢？」

哪來那麼多「萬一」，萬一的結果就是錯過了最好的時機。ＰＰＴ這種東西你不打開，誰知道你做了？

職場中，這樣的場景很常見：

寫了一週的提案，老闆看都不看，丟下一句「你看著辦就好」；改了千百版的設計稿，最後收到一句「還是剛開始那版比較有感覺」；熬了幾個通宵準備的活動會議，老闆說取消就取消……這時，很多人就開始消極怠慢：反正努力了老闆也看不見，還不如混日子。

於是就陷入「老闆看不到努力——認為你消極怠工——對你不滿意、低評價——你索性不努力」的惡性循環中。

但最需要改變的環節是：**學會把自己努力的成果，放在老闆看得到的地方**。熬通宵做的精美PPT，結果臺上三分鐘就展示完了；而上司會用心查看的工作報告，卻只花了半小時。你覺得上司會怎麼評價你？

把時間花在效果比較明顯的工作上，少做耗時長但不重要的事情，時不時跟老闆回報工作進展，提出遇到的問題或有意義的想法，這些能更快速地給老闆留下「認真努力」的印象。

沒有人有義務發掘你優秀的內在，你要想辦法自己展現。你不展現，就算你十八般武藝樣樣精通，也沒有人知道；你不展現，哪怕機會再多也會先砸中那些跳起來爭取的人；你不展現，就只能做別人安排給你的那些沒有意義工作。

職場裡的憂鬱，從以為「埋頭做事總會被看見」開始。起初，我們以為埋頭做事總會被看見，後來發現並非如此，於是有人學會了表現，有人學會了抱怨。

得體地向外界展示自己的能力和價值，就是職場裡需要的「表現」。

老闆不會主動看見你的努力

長大的標誌之一，是意識到「沒有光源，金子並不會發光」。職場匆匆，事務龐雜，無暇關注彼此，金子可以主動一點，別總是責怪光源沒來找；酒香也怕巷子深，沒事多往巷子口走一走。

別讓人家七彎八繞才找到你，多貼幾個指示標不好嗎？多吆喝吆喝不好嗎？坐等機遇，有可能時來運轉，但也有可能是坐以待斃。

主管和老闆這麼忙，注意力匱乏是常態，無法看到每一個員工在幹什麼。如果不能有效地展現自己的勞動成果和思考結果，那麼在老闆眼裡，你很可能就是一個無關緊要的人。

默默努力固然是好事，但如果你沒把能力展現出來，沒被人看見，是非常可惜和遺憾的。因為人們只會在可視和已知的範圍內做選擇，你首先要擠入「被看見」的圈子裡，才可能參與後續的競爭。

是否被人看見，結果很不一樣。在職場如果過分低調，等於自我放棄。

假如，A和B兩個人在同一個公司，同一個部門，能力資歷各方面都差不多，都在競爭同一個經理職位。

A是典型的老黃牛，勤勤懇懇地加班幹活，事情完成得可圈可點；B呢，能說會道，經常表達自己的想法與訴求，主動讓人知道自己有哪些資源，打算做哪些事情。

如果你是老闆，你選誰晉升啊？很大的機率是B啊，因為他做什麼了，別人都看見了。

你每天上班瑣事繁雜，永遠一聲不吭，抱著「我才不想搶風頭」的想法退避三舍；別人總能走上前，看看有沒有自己能幫忙的地方。老闆只要不主動找你，你絕對不會主動多說什麼；而有的人總用心觀察，恰到好處地提出建議，逐漸建立起值得大家信任的形象。

比起背鍋踩雷，最讓人覺得悶的就是，不能有效地展現和表達自己。你腦子裡明明已經想到宇宙大爆炸，如何在量子領域穿行，但是一張嘴就彷彿在家門口摔了一跤，站起來就忘了自己要說什麼。

誰喜歡曖曖內含光啊，還不是表面的優秀無法被人看見，為自己找的藉口。明明做出九十分，呈現給別人看的時候卻是六十分，那多可惜啊。職場上有一種意難平，就是如果你的優秀沒被人看見，會被自動歸類為平庸。

知名藝術家安迪沃荷曾說：「人們總說時間可以改變很多事，但事實上必須由你自己做出那些改變。」**千萬別把自己的努力，押注在老闆能看到、客戶能明白、同事會發現上。大家那麼忙，沒有精力拿著放大鏡考察細節，你最終只會懊惱地面對不被認可的結局。**

工作，不僅要幹得好，也要讓別人知道你幹得好。**主動且恰當地展示自己的工作成果，不是作秀，而是一項重要的能力。**

活成稀有品，而不是犧牲品

我常去的一家餐廳，有自己的會員制度。

其中有一條很有意思，比如我在某一年的某一天成了餐廳的會員，那麼以後每年的這一天餐廳都會發簡訊給我：「感謝您依然選擇成為我們的會員，讓我們有機會再為您提供更加優質的服務，期待您的到來。」其實會員制屬於永久性的，無須特意傳這則簡訊給顧客。但用老闆的話說：「讓顧客感受到被重視是非常重要的。」

身為顧客，我看了這樣的簡訊，心裡確實覺得溫暖和受重視，這麼用心的餐廳，誰不想再去呢？

我們都沒有那樣的能力和慧眼，在錯綜複雜的資訊裡，分辨出一兩個微小的閃光點，更何況，主管和老闆可能沒有一雙「慧眼」，他們看不見你努力工作時多麼美麗。

「存在即合理」的意思是，你必須要相信自己既然存在於公司，就一定是有價值的。只要你真的有能力、真正在做事，就應該盡可能多地讓人看見，這樣才對得起自己的付出。如果職場有必修課，擺在第一位的，一定是如何讓老闆看到你的工作成果。

首先，**你要打造職場辨識度，沒有人會記得誰是第二名，人們的眼光只會被第一名吸引。**

很多工作你都能做，但不一定能做到優秀，至少要選擇其中一項技能做到頂尖。譬如是全公司最會做報表的人，或者全公司最懂產品的人。只有將某一件事情做到無可挑剔，才能讓其他人有相關需求時，第一個想到的就是你。

其次，**打造反差，你只會循規蹈矩，世界哪敢給你驚喜。**

很多時候，人們也會記住那些打破常規，給人帶來「驚喜」的人。不要太早把所有底牌都亮出來，給別人留一些神秘的、可發現的空間。如果一開始就給人很厲害的感覺，結果接觸一兩次之後，你沒有達到他的預期，是會讓他失望的。不如一點一點，慢慢揭曉答案。

最後，**活成稀有品，而不是犧牲品。**

人群中，我們會首先注意到最與眾不同的那個人，就像黑白的人群中，會最先注意到穿紅衣服的人。

職場中，要學會找到公司、團隊中稀有的角色。如果你發現專案進度一再被後推，那麼推進者就是你努力的方向。一旦你成為公司和團隊中的稀有角色，那麼你的重要性和存在感便不言而喻。

職場中，每個人都在搶占老闆、客戶和同事的注意力。當你被老闆看見，才更有可能被委以重任；當你被客戶看見，才能獲得客戶喜愛青睞；當你被同事看見，才能調動同事幫忙做事。

暗藏著讓你展現自己、刷出存在感的機會到處都是，重要的是，你要懂得判斷機會。當然還有一個大前提：你能為公司創造價值，否則即便老闆記住你了，給你機會，你也做不好，到時候就真成了只會拍馬屁的人了。因為「存在感」最終看的，不是你有沒有「存在」，而是你的「存在」有沒有價值。

職場中只有兩種選擇，要麼引人注目，要麼默默無聞。別害怕與眾不同，也別擔心受人矚目，每個人都要打造自己的職場存在感和閃耀時刻。

與其寄希望於有人打著燈籠在角落裡找到你，不如學會自己發光。只有讓自己被看見，才不會辜負一直以來的努力和優秀。

你早就應該被看見了，千萬別把自己藏起來。

練習10

選擇無關對錯

——你在知名大公司做螺絲釘，我在無名小公司當消防員

有人說，在知名大公司工作和在生死邊緣掙扎的小公司工作，兩者之間的差距，就像別人能把《詩經》倒背如流，你還在漫畫堆裡看得津津有味。

也有人說，在知名大公司當螺絲釘，看似很風光，哪裡缺人哪裡補，但無論你多麼努力，上司就是嫌你轉得不夠緊。

然後你夾在「大公司會毀掉你」和「去小公司就是當救火消防員」的論調中，徹底傻眼了。

消磨個人意志力的大公司

上個月的最後一天，田佳趕通勤車上下班，一切像過去的兩個月一樣，只是今天過後她再也不會去二十公里外的公司上班了。

那天她辭職了，這是她畢業後的第一份工作，一共待了六十三天。走出公司大樓，她看到了鹹蛋黃一樣的夕陽將天空染紅了，她好久沒看到這麼好看的夕陽了。

田佳今年研究所畢業，在她的願望中，國營企業是她的就業首選，可惜沒能如願。畢業前她獲得了一家知名大企業的Offer，畢業後，她順利入職，也算是行業內的大公司了，身為幾千名員工的一員，她已經做好了當一顆稱職螺絲釘的準備。

但她沒有想到的是，她的工作就是每天一字不差地記錄主管在每一場會議中所說的話。

「我在職的那六十多天裡，每天都在開會，一天最多的時候開過八個會。」田佳說，而她所有的工作內容就是做會議記錄。她其實很疑惑，到底有什麼必要開那麼多會議？

因為田佳住得離公司比較遠，搭大眾運輸也不方便，所以她每天都是坐公司通勤車上下班，終於體會到了什麼叫「只要住得夠遠，上班就等於出差」。日常是八點半上班，五點半下班。但五點半趕車回家後並不意味著下班，而是趕回家參加下一場會議。

「七點左右還要開線上會議。」田佳說，「開完會剛吃完飯，下一個會議又開始了，直到晚上十點多才能真正閒下來。」

田佳覺得自己像機器人，甚至覺得公司買個智能語音機器人都比自己強。她開始懷疑自己在這裡的意義。另外她在新人訓練時就被告知，這個職位不需要有自己的想法，主管怎麼說就怎麼做。而主管最喜歡的事，就是在昏昏欲睡的會議上，描述美好的未來。

這六十多天裡，除了開會，她根本沒做什麼像樣的工作。工作壓力也讓她撐不住了，說好的週末雙休，其實並沒有，週末兩天中你要選一天出勤，另一天還是開會。

在田佳入職之前，她早已在網路上看到了關於這家公司的諸多吐槽「開會多」的評論，但出於對該公司給出的高薪待遇，田佳決定賭一把。結果，賭輸了。

她決定辭職時，家人都勸她找好退路再辭，但田佳說：「我連投履歷的時間都沒有啊，從早到晚就是開會。」

有的人選擇去大公司，看重的是知名大公司的金字招牌。參加大專案，做出成績，跳板彈性大，向上跳、平級跳、向下跳，想跳哪就跳哪。

看似很好，但進入大公司，也並非就能自動抵達巔峰。**大公司需要的是螺絲釘，哪裡有缺口就要你去哪裡補。你要是有危機意識還好，要是被惰性和懈怠驅使，失去了衝勁，當有一天需要你去補別的位置，你補不上就危險了。**

還有就是十分消磨個人意志力，沒有人一進大公司就備受重用，一定會經歷無人問津的低潮期，但這和朝氣蓬勃，渴望迅速建功立業的新人格格不入。

田佳就說過：「不僅是螺絲釘，更是毫無感情的生產零件。」

在重複的工作裡，她越來越感覺不到自己存在的價值，她只是在一個早就被決定好的位置，被賦予了該有的功能，隨時隨地可以被替代。會議記錄誰不會做？「有時候我很羨慕從前的工匠，他們一個人安安靜靜地創造屬於自己的、承載著個人思想的作品，而我就像一個沒有感情的零件，不需要有自己的想法，只需要不斷地運轉。」

一個人當十個人用的小公司

與田佳素不相識的洛洛也陷入了深深的苦惱。洛洛也是今年大學畢業。畢業之前，她的職業目標就很明確，成為電視臺的企劃人員，這是她從高中以來一直嚮往的職業。「吃飯、睡覺、看電視」是她全天的時間分配，她說密集看各種節目既是她尋求快樂的方法，也是一種學習的過程。

因為這份熱愛，她應徵了當地幾家電視臺，後來廣播電視臺也去了，但都沒有回音。最後，她選了一家小型影視公司。徵人啟事上的工作內容是宣傳、寫推廣文章，雖然並非標準的企劃職缺，但洛洛覺得先在小公司累積經驗，短時間內可以快速成長，到時候再去電視臺應徵，會更容易成功。

工作以後，她才發現具體的工作內容是經營抖音，洛洛有些排斥，「我想做電視類的，要我做的卻是抖音，而抖音對我來說僅限於消遣娛樂啊。」

洛洛當時就想離開，但又聽說實習期過後可以調職，她咬咬牙，留下來了。洛洛負責一些抖音帳號的日常經營，前前後後共負責過幾十個帳號。公司簽約加自己發展，共有三百多個帳號需要運營，而洛洛的部門只有七個人。

洛洛不必像田佳那樣開那麼多會，但她的工作也讓她感到痛苦。早上一上班就開始刷抖音Top100的影片，然後把可以借鑒的點記下來，下午改編早上記下來的腳本。然後交上去等結果，很多時候，最終的結果是「腳本被廢」，這是她很長一段時間內真實的寫照。

「我工作期間一共做了八十多個腳本，但只有三個被使用了。」洛洛開始懷疑自己的能力，同時感到很強烈的精神折磨。

「我以前蠻喜歡抖音的，每天看很開心。現在每天和它共度八九個小時，一打開就覺得煩。」有段時間洛洛失眠，躺在床上滿腦子都是：「什麼樣的腳本才可以？」、「辭職的話我能找到什麼樣的工作？」

但其實也就僅限於想，沒打算辭職。她覺得熬過這段時間，調到別的職位就好了，事實上她知道自己的想法很天真，那些早來很久也想調職位的人依然在原來的職位上。

雖然痛苦，但洛洛一直忍著沒走的很重要的一個原因就是，可憐而乾癟的錢包總是在提醒她：你敢走嗎？走了吃什麼，喝什麼？

但計畫永遠比不過情緒，洛洛辭職的那一天非常戲劇化，當時公司群組裡發通知說拿到畢業證書的同學可以辦理入職手續了，但薪資是從正式入職那天算起的。

她當時腦子一片空白，隨口問了旁邊的同事：「那試用期的薪資怎麼算？」同事看著她，搖了搖頭。

洛洛當時就明白了，馬上決定離職。

回去的路上，洛洛收到了部門主管的訊息，勸她好好想想，她拒絕了，洛洛說：「我不相信一個不講契約的公司，我怕到頭來被騙財，還騙感情。」主管沒有回覆她，直接把她踢出了部門群組。

到家後，洛洛退出了工作後加入的一百多個群組，用了一個多小時，徹底和前公司斷了聯繫。

在小公司需要一定的成長能力，尤其是在公司的發展初期，身兼數職是標配。沒有遊戲攻略，沒有影片教學，更沒有厲害的神人帶隊引路，能不能通關，全靠個人悟性。

人家在大案子裡摸爬滾打，你在幾十人的公司裡練習掃雷；別人一個帳號練到十級，你呢，開了十個帳號，每個帳號都是一級。

就拿洛洛來說，前前後後負責幾十個抖音帳號，寫了那麼多腳本，但其實實際應該怎麼經營她完全不知道，腳本基本都是「借鑒」來的，她也想創作，但是根本沒有時間給她創作。好像什麼都懂一點，但是什麼都不精通，所以這種模式對一無所有的新手真的很要命。

你要有避坑的眼光，也要有填坑的方法

在大公司成為螺絲釘的，擔心自己換個地方就變成沒用的零件；沒想到在小公司會成為消防員，哪裡有火去哪裡救。

大公司的螺絲釘和小公司的消防員，你會怎麼選？其實，大公司有大公司的艱難與機遇，小公司也有小公司的苦惱和歷練。

比如大公司的螺絲釘就真的沒有價值嗎？其實這是角度問題。對員工來說，只做固定的幾件事或是制式化的任務，是對自己的限制，但對公司來說，在設定職位時著重考慮的是如何讓整體高效地運轉，同時避免一個環節缺失對整個系統造成負面影響。因此對職位的細化和訂製，是實現的重要手段。

還有就是在這種環境下你的心態，決定了你的收穫。如果你堅持認為螺絲釘沒有前途，你真的就會一無所獲，這就像要在垃圾裡找寶藏，因為你對垃圾的抗拒，你會錯過真正的寶藏；如果你覺得無論在哪都能學到東西，那麼遍地都是機遇，就像在寶藏裡面找垃圾，因為你對寶藏的渴望，你會找到放錯了位

置的資源。

因為人的預設、期待和心態是不一樣的，所以最後的結果也會有很大的不同。

我的朋友吳雙雙剛進律師事務所時，做的事情也是低價值的雜亂瑣事，但她發現公司資料庫的案例非常豐富，她一有時間就研究這些案例。

後來有一次律師需要案例資料，她很快就找到一大堆案例，並做好了標注，一目了然。那位律師對她刮目相看，讓吳雙雙跟著他實習，吳雙雙很快就站穩了腳跟。

很多人覺得自己是一顆訂製的螺絲釘，其實是自我設限。就像在海面上隨波逐流的船，從沒想過是不是試著控制船舵，或換個角度看看海底深處的模樣。

即使做的確實是重複性工作，稍微聰明些的人都會意識到這點，主動提出或爭取機會，大不了累積夠能耐走人就是，何必非得傻傻地蹲在原地呢？

如果不能進入大公司，選擇小公司並非是一個壞的選擇。朋友在大公司待了一年多，後來因為各種原因，去了一家同類型小公司。他說在小公司反而成長更快。在大公司時，帶他的人充其量是部門主管，甚至有可能是基層職員，他沒有機會跟著經驗更豐富的大主管學習；但是在小公司，他可以直接面對老闆，而且他的老闆相當厲害，絕不比大公司的部門經理差。

而且不可否認，大公司裡的「辦公室政治」通常也會更複雜，一個新人初來乍到，未必會迅速得到直屬主管的栽培與提攜。不像小公司，相對簡單，一個人當幾個人用，老闆當然希望馬上把知識傳授給你，好讓你獨當一面。

哪個職位缺人，就往哪個職位上貼。總之，手上的事情繁雜而精簡。繁雜在於，你要熟悉多個流程、多個領域的事務；精簡在於，目標導向明確，一切都為了兩樣東西服務：收入和成本。

此外，大公司往往一個蘿蔔一個坑，很多職位需要的是你扮演好你所在職位的角色，你很難有大的突破，而小公司因為規模小，通常每個人都要完成多項任務，這對了解業務全流程、培養大局觀、鍛煉綜合素質、統籌思維都非常有幫助。

你是願意沒有價值也要創造價值，還是去小公司披荊斬棘，這都是你個人的選擇。身為一名具有獨立思考能力的人，相信你也知道，任何事情都有兩面，大公司也好，小公司也罷，各有利弊。

人生就是不斷踩坑的過程，你既要有避坑的眼光，也要有填坑的方法，還有不幸掉進去也要爬出來的決心。

找到穩定的發展軌跡，管理好慾望和焦慮

即使一不小心入錯行或者選錯了公司，也不見得這輩子就沒希望了。田佳不久之後找到了新工作，也許並沒有前公司那麼有名，規模那麼大，但她覺得自己的工作是有價值的；洛洛還是沒有去成電視臺，但是她已經不再強求了，現在在某個網站做企劃，起碼是自己擅長的工作，累一點也心甘情願。

我們總是太看重第一份工作的選擇，所以才經常在去大公司還是在小公司之間糾結，怕自己「入錯行，淚兩行」。哪有那麼可怕，關鍵還是取決於你的適應和變通的能力，你在當前的領域是否學到了本領，能否為日後發揮所長提供幫助。

所謂大公司和小公司的區別，有一個很恰當的比喻，用橘子來比喻的話，就是一種是大而酸的，另一種就是小而甜的。一些人拿到大的會抱怨酸，拿到甜的會抱怨小；而有些人拿到小的就會慶幸它是甜的，拿到酸的就會感謝它是大的。

有人在大公司待久了，渴望去小公司歷練人生；有人在小公司前途無望，想去大公

司做可愛而安靜的螺絲釘。要問哪一種最好，大概是沒有得到的那一種永遠帶著濾鏡，讓你心嚮往之。

最關鍵的永遠是人，考慮問題要避免「如果我如何如何，就能如何如何」的假設思考。大公司裡有在內部踏踏實實穩步上升的，有找到好機會跳槽後扶搖直上的，也有上班十年拿著不溫不火薪資混日子的；小公司有搭上公司高速發展的快車、畢業兩年年薪超過百萬的，也有月薪兩萬多還被老闆欠薪，最後公司倒閉的，還有每天做著差不多事情，什麼也沒長進的。

別一味將結果歸咎在環境上，那些痛心疾首地說「大公司拖垮年輕人」、「小公司摧毀年輕人」的人，很可能換個地方，依然是被拖垮和被摧毀的命。

如果你沒辦法選擇想去的公司，可以先選擇去想去的行業；如果你沒辦法選擇想做的職業，可以先選擇默默累積這個職位需要的技能；如果你沒辦法選擇想做的職位，可以先選擇加入一家公司再擇機轉職。

真正產生決定性因素的是什麼呢？是你自己，我們都在為自己打工。大公司也好，小公司也罷，不過是你展示的一個平臺罷了。真正的含金量，來自於你工作的每一天、做的每一件事、所學到的每項知識，它們會悄無聲息地成為你履歷裡的一筆一畫。

若橫向對比，一些人的起點是我們遙不可及的終點，但這也是很多人對「強大」的一種誤解。「強大」不該被狹隘地定義成世俗的成功，它更像是一種修行模式。「強大」也許不能幫你穩贏，但一定能幫你在生活的波折與風雨中多幾分淡定。

所以大公司和小公司的選擇，結果如何，其實全部在於你自己從工作中能得到什麼，如果你只想按時領薪資，其實去哪都一樣。但如果你有更高的追求，強大才是你的最終選擇。

一個人幸福與價值的實現，並不在於進入哪家公司，它取決於一個人為什麼活、怎麼活。如果人生的幸福與意義都只維繫在「進入什麼公司，賺了多少錢」，這樣的人生其實很脆弱，容易崩塌。

不是每一個人都適合大公司或者創業，也不是每一個人都適合有野心、火熱燃燒、競爭激烈的生活，認清自己的個性和能力邊界，坦然接受，不通則變，變則通，找到適合自己的路最重要。大路實在走不通，走走小路也不丟人，說不定轉個彎就柳暗花明又一村，闖出了一片新的天地。

一個人從容的根本，是找到自己的節奏。在職場上，有自己穩定的發展軌跡，不因外在變化而變，而是根據自身需求而變，這樣才能管理好欲望與焦慮。

人生最難的，就是認識自己、改變自己、放過自己。當有一天，你真正有實力了，本錢雄厚的你根本不需要依賴大公司的名氣，也能創造自己的奇蹟。

練習 11

保持適當距離
——男女同事，什麼距離才合適？

最奇妙的旅程是兩個工作座位之間的距離，既可共處一室，又似乎遙不可及。

防火防盜防同事，這不可取，能保持距離，注意分寸，適可而止，就是對彼此最好的尊重。

優秀的人懂得界線在哪

如果說職場上有什麼一定要講究的話，男女同事之間的距離值得重點關注。要想在職場生存，就得首先明白什麼該做，什麼不該做。

莎莎當年畢業進入一家公司，第一天就有熱心大姐型的人物，來「提醒」她。意思是，公司裡這些三四十歲的年輕大叔，雖然工作能力、社會地位都還不錯，房子車子也都有，但真不必跟他們走得太近，尤其是老闆，小女生要注意……我忘了說了，這家公司是夫妻一同經營的。

莎莎表面唯唯諾諾，內心在無情嘲笑，這些已婚的中年大叔，肚子都大成那樣了，離我遠一點吧。所以待大姐轉身，她還輕蔑地撇了撇嘴。突然，她感到一絲淩厲的目光射過來，抬頭正好和隔著玻璃注視她的老闆娘的目光撞上，此處略去一萬個形容詞。莎莎心驚膽戰地坐下工作了，手指略微有些顫抖，難道大姐是老闆娘派來「提醒」她的？

這些前塵往事只是拿來當笑料的，現在的莎莎早已是一個成熟的職場人了，卻沒想到還是發生了不可描述的狗血故事。

她的部門最近新來了一個二十出頭的男同事，年紀小，個性很陽光，莎莎一向熱心，聽說他是自己的學弟，學姐意識瞬間很強烈。於是就好心提攜新同事，有專案拉他一起做，午飯經常約著一起吃，沒想到，等來的不是純真的革命友誼，而是無情的流言蜚語。

她委屈地跟我說：「我們光明正大，憑什麼被冤枉？」

我跟她說：「怎麼說呢，聽你這麼一說，我也覺得你們有什麼事呢！」她氣壞了。

被誤解是表達者的宿命，被八卦也是，所以表達者要注意自己的表達方式。否則就是掌握不好同事之間的界線，把個人感情帶到工作裡，一個念著情分過分熱情，一個想著有便宜不占就是浪費而不知道收斂。殊不知時間一長，蛛絲馬跡全是話柄。

同事之間，總有不太好把握的尺度，但和異性同事保持距離是最基本的覺悟。

無獨有偶，前兩天去餐廳吃午飯，看到文樂自己一個人獨自吃飯，也不知道是菜不合胃口呢，還是有了煩心事。一直用湯匙攪動盤子裡的飯，就是不往嘴裡送。

我和同事走過去，逗他，也不笑，看來真是有心事了。

文樂愁眉苦臉地說了三個字：「桃花劫。」

好事啊，文樂是個大帥哥，今天要是能桃花開，我們也替他高興。結果他一句話打破我們的幻想：「爛桃花。」

原來，他本來是好心，每天順路接送公司女同事上下班，結果被同事男友倒打一耙，還投訴到公司。雖然最後誤會解開，未造成嚴重後果，但終歸心有餘悸，感慨「和異性同事做朋友實在太難了」。

職場中，和異性同事相處是一門學問。要是過於疏離淡漠，可能不利於工作展開和同事合作，但來往過於密切，則容易引人誤會，造成尷尬局面。

各行各業裡，缺少分寸和邊界感都是職場大忌。但總有人喜歡利用男女之間這點曖昧，推動自己的前途。

以前公司有個男同事，因為一表人才，很有女人緣，難伺候的女客戶都能搞定，還和公司裡好幾個女生曖昧不清，今天逗逗這個，明天撩撩那個。總覺得自己很善於利用這該死的魅力，沒想到在這方面栽了跟頭。

有一次做專案，他照例施展魅力，沒想到合作方的代表是一個性格耿直的女生，當下對他表示強烈的譴責，要他立刻道歉。

他還不以為意，大言不慚地說：「大家不都是這樣嗎？你說出去，別人都會覺得你幼稚。」結果這女生直接把他發的那些曖昧不清的訊息，貼到ＳＮＳ上。很快，這事就發酵開來。辭職是肯定的，他在這行也幹不下去了。

愛情裡有渣男，職場裡有渣同事，他們都有一個特點，就是喜歡把世界上所有的男人或者同事都抹黑，來掩飾自己的罪過，求得心理上的平衡。

這就和在幼稚園犯了錯，被老師批評時，一邊吸著鼻涕一邊強嘴說「哼，那個ＸＸ也這樣做啊！」一樣，這是製造出一種輿論上的法不責眾，好為自己道德鬆綁。但在職場，老闆又不是幼稚園老師，誰管你是不是可愛的小寶寶。

和異性保持適當距離，是對職業的尊重。無論你是故意套交情裝熟，還是開玩笑往輕了說，是沒分寸，往重了說，就是騷擾。

比如總是有意無意地碰觸對方，甚至一再邀請對方去家裡玩，給對方造成了很大的困擾。即便我們懷著最大善意揣測，該同事的初衷是好的，只是為了交朋友，但有些熱情過頭總會讓人不舒服，影響對方正常工作的同時，也壞了自身形象和口碑。

職場就是人設，你問心無愧並不夠，聰明人懂得盡量少給自己找麻煩。

「和異性的距離，可以看出一個人的人品。」這句話，是何嵐姐姐跟我說的，她說自己工作了這麼多年，見過不少為了錢毫無下限的老闆，用曖昧拉生意、做買賣，可這樣的人，她一個都不會合作。

何嵐姐姐公司以前有一個總經理，兢兢業業十年才坐到這個位置，結果職業生涯栽在一個女實習生身上。總經理有個毛病，喜歡安排女同事去和客戶喝酒，單子簽得飛快，業績也飛速增長，鑒於總經理的威懾，一直沒人敢說什麼。

女同事們下班不能回家，在酒桌上推杯換盞，苦不堪言，直到一個實習生忍無可忍。總經理本人肯定沒好果子吃，本來何嵐姐姐打算重點栽培他，也果斷改變了計畫。而且公司的立場很明確，工作能力再強，人品不行也沒用。

何嵐姐姐說：「一個優秀的生意人，首先應該是一個優秀的人。而優秀的人，一定很清楚界限在哪裡。」

優秀的人心裡都有一把尺，時刻丈量分寸。與其說是自律，不如說是骨子裡的品性。一個人的行為舉止，就像是冰山上顯露出來的一個小尖角，而我們的價值觀、自我認知、品質、動機構成了水面下的大部分冰體。

人品是一個人的底線，一個不懂分寸的人，底線能有多高？這樣的人誰都不敢委以重任，因為你不知道他會在哪條陰溝裡翻船。

你可以有感情問題，但別讓它成為職場問題

單方面越界，會引起不必要的騷擾，而雙方越界，就很容易發展為辦公室戀情。辦公室戀情應該是讓各大公司老闆都很頭痛的一件事，所以有的公司明文規定不允許辦公室戀情的發生。即使這樣，也無法阻擋辦公室戀情萌發並逐漸壯大。

為什麼職場人一邊覺得戀愛會影響工作，一邊又樂此不疲地發展戀情呢？還不是因為工作時間占據了每天的大部分時間，朝夕相對，日久生情，突然一個回眸，一下看對眼了也很正常。那些堅決反對辦公室戀情的老闆或主管，不能說錯，但是缺乏對員工基本的同理心。

我一定要強調一下辦公室戀情的一個很重要的前提：雙方一定必須都是單身，而且你情我願。

剛入職場的小綿羊，務必離已婚人士遠一點。不是說要一竿子把一船人都打翻，有一個這樣的人就夠你受的了，保持一定的距離，對你有百利而無一害。

這世界那麼多美好的關係，不是非得觸碰禁忌才能得到。單純為了尋求刺激發展戀情的，那不是愛情，那是玩火。不是所有的職場感情都是正常的，有些職場感情是有毒的。

辦公室戀情表面看是兩個人的事，其實背後牽扯到部門間、職位間，上下級關係、甲乙方關係，甚至和公司未來發展都有著千絲萬縷的關連。所以，這也是為什麼辦公室戀情被很多公司禁止的原因。

你以為兩情相悅的跨部門戀情是世界上最短的遠距離戀愛，那麼美好，那麼觸手可及，可在公司看來這小小的距離，大大增加了風險，那麼危險，那麼讓人不安。本來各部門各有小法則，相安無事，結果你的戀情無形中讓兩個部門的聯繫變得緊密，碰觸了不可控的禁忌。公司的營運是為了盈利的，老闆自然不喜歡去冒這個風險。

你以為的美好戀情會紛紛得到大家祝福，其實很多人私底下都會覺得很煩。本來辦公室環境相對理性，一旦摻雜了感性的愛意，氣氛就會變得很微妙。大家說話或做事很可能還要顧及你的另一半，這樣會讓事情變得很麻煩。

戀愛過的，都有這種體驗，熱戀時，恨不得像連體嬰一樣，時時刻刻黏在一起。早晨上班也要冒著遲到的風險說說情話，中午就把晚飯地點選好了，下班「嗖」地一下飛出去了。

人一旦被愛情沖昏了頭，會受到一種奇怪的鼓舞，和愛情相比，工作算什麼，其實就是戀愛腦。

當然，只要你把工作做好了，其實都無所謂。怕就怕失戀或陷入感情糾紛，整個人都不在狀態。你渾身無力，壓抑著憤怒，甚至做好了老闆敢訓你幾句，就直接把資料撕成雪花，瀟灑離職的打算，因為你就想找人吵一架。你覺得自己是美麗世界的孤兒，什麼都不再重要，你只想睡覺，睡到世界末日。

但你還是打住吧，因為感情問題把工作丟掉太不值了。還會給自己帶來一個非常不好的前例。你敢保證再也不失戀嗎？下次失戀還要把老闆炒魷魚嗎？你可以有感情的問題，但別讓它成為工作的問題。

如果真的發生了辦公室戀情，也不用覺得是什麼滅頂之災，如果你能讓老闆和同事放心，證明自己是一個有專業能力的職場人，誰會狠心棒打鴛鴦呢。

最不可取的做法是，第一時間跑去和公司說：「我保證，絕對不會和公司利益發生衝突，否則一定分手。」千萬不要，一個為了利益可以拋棄感情的人，到哪都會讓人覺得無情。

好的做法是，要讓公司知道你的戀情沒錯，而且你可以處理好戀情和工作。比如讓老闆和同事看到你因為這段戀情更有朝氣了，變得更上進了，讓別人感受到「戀愛使我進步」這股助力。

但有些戀情還是要格外小心謹慎，比如上下級戀情或者戀人之間的職位加在一起權力過大。因為有明確的利益關係，很難分得清。即使是真的憑實力取得的業績，也會因為這段戀情的存在被人在背後議論紛紛，招致無謂的質疑和嘲諷。瓜田李下，怎麼做都是錯。

人天生就容易被理解自己的人吸引，而工作正是最需要被理解的生活部分，所以辦公室戀情是正常的。只要你能掌握好尺度，避開上下級和部門間的利益關係，就不會有人執意要拆散你們。

有緩衝區，就有安全感

男女同事之間到底什麼距離合適？並沒有一條嚴格的界限，所以你要為自己留一個緩衝區，保持在安全範圍內。有了緩衝區，就有了安全感，哪怕對方稍微越線，你的堅持、你的原則、你的底線仍在緩衝區之外。

異性同事間盡量避免工作以外的獨處，不得已時，找第三個人陪同；同事間少開沒有分寸的玩笑；遇見毫無顧忌亂說話的同事，藉故走掉不要在場，在場會被誤認為不排斥；自己能做的事情，別輕易麻煩異性幫忙，很多接觸就是從幫忙開始的，你幫我，我感謝你，一來二去會發生很多小故事；少和異性同事討論隱私，很多關係就是從「我和男／女朋友吵架了」這種問題開始的，從一點點到說得越來越多，突破界限。因為對方會認為：他的另一半很差勁，他很不滿意，所以我有機會，他不排斥和我發展。

和異性同事之間相處融洽，原本是一件很正常的事情。尤其是在工作上，雙方萌生好奇或是好感，這是人類正常的情感之一，不應該一味將異性間的交往定義為「不純潔」。

別相信那些什麼男女之間沒有純真友誼的說法，如果雙方都以朋友交往為前提，純真的友誼也是存在的。純真的友誼需要雙方共同努力，不分男女。

但異性之間應該建立邊界，包括空間距離與心理距離。

所謂空間距離，字如其意，指身體上的距離及肢體間的接觸。守好距離邊界，盡可能避開肢體接觸或是過度親密等行為。心理上也是同樣，把握住同事間的心理邊界，找到自己的位置。日常多些交流沒關係，但最好不要把自己的私生活帶入。對異性同事不宜過多傾訴，避免對方對你投入過多感情。

如果不喜歡某個同事的交往方式，你可以果斷提出來，別讓對方留下任何幻想。同樣，如果因為玩笑或起哄，要你做越界的事，也應該拒絕。

許多時候，拒絕讓自己感到為難的要求，並沒有想像中那麼難。**以得體的姿態亮出自己的底線，不僅能幫你解決當下的問題和麻煩，還能在無形中幫你獲得更多的尊重。**

在兩個獨立又完整的人類之間，既可以產生美妙的愛情，也可以存在純真友誼，並不衝突，但正如叔本華所說：「人就像寒冬裡的刺蝟，互相靠得太近，會覺得刺痛；彼此離得太遠，卻又會感覺寒冷，人必須保持適當的距離過活。」

練習 12

建立自己的節奏

——你缺少的不是被人喜歡的能力，而是被人討厭的勇氣

不要因為外界複雜的環境而改變自己，不要因為過去的不如意而委屈自己，不要因為別人的討厭而否定自己。

倘若有人鼓勵，你也許會更加自信滿滿。如果沒有，也不要緊，你的勇氣來自你的內心。

你的焦慮，來自被別人帶走節奏

我在餐廳認識一個朋友，香香，她公司就在附近，我們經常能在這裡遇見。香香很厲害，畢業沒幾年就當上了主管，但是最近她遇到了困擾。在主管位置上一直紋絲不動，沒有再上升的跡象。她事業心很強，現在的停滯狀態讓她很不甘心。

香香掙扎了很久，終於鼓起勇氣去敲老闆辦公室的門，結果讓她非常後悔。

用她的話說：「老闆當時的反應，就是沒有任何表情。隔了幾秒才說他會考慮，請我先回去。」

距離上次談話也有一個月了，目前還是維持現狀。香香後悔死了，覺得自己不該去找老闆，可是不去，心裡又好像有東西堵著，很不舒服。

「你覺得你提的要求很過分嗎？」我問她。

「當然不是，我覺得以我的能力和完成工作的品質，值得再升一級。」

「那你現在懊惱什麼呢？」

「這不是明擺著嗎？老闆當然喜歡安分守己的員工，我這樣做，他當然不高興。」香香後悔莫及。

「以後怎麼辦，當這事沒發生過嗎？」

香香皺著眉頭說：「我巴不得這事沒發生過，但老闆應該不這麼想。我覺得他最近對我有很多意見，看見我臉上也陰沉沉的，不太高興。」

我笑她太敏感，香香反駁道：「你不知道，有一天，老闆過來找我談工作，出去時，關門的聲音好大，我當時差點靈魂出竅！」

「你是不是過度解讀了？還靈魂出竅，有這麼誇張嗎！」因為關門聲焦灼不已，簡直讓人啼笑皆非。

「在你搞砸或做成一件事之前，你永遠不知道老闆對你的喜惡，這一定律被稱為『薛丁格的喜歡』，現在我可以肯定，我和老闆的關係再也回不到當初的美好了。」

對不起，我又笑出聲了。

職場人的內心戲，真是一場接著一場。

這件事，我身為旁觀者，憑理性來領會是一齣喜劇，就是職場人揣測老闆想法後的自我詮釋；而香香身為戲中人，憑感性來領會是一齣悲劇，從此和老闆之間有了隔閡。

然而，所有的喜怒哀樂都指向一個大問題：「老闆和主管不喜歡我，該怎麼辦？」

老闆不喜歡自己，是無論新員工還是老員工最常經歷的心理拉扯。大到責備糾正，小到一次皺眉，都可能讓職場人受到沉重一擊。

那麼老闆不喜歡你，是他的原因，還是你的原因？

有可能是老闆的原因，但凡事還要多從自己身上找原因，老闆不喜歡你，是你的確不夠好，還是你的錯覺？

如果你工作做得不夠好，那就應該好好反省一下了。比如經常拖延，不能按時完成任務，害得不緊急的工作被拖延，緊急的工作掉東缺西；總是粗心大意犯迷糊，合約少了個零，給甲方的提案有錯別字，像一個不定時的炸彈，不知道什麼時候就炸了；經常因為能力不足而被退件，最後總要老闆親自上陣；抑或是不專業、不敬業，態度不佳、脾氣大，犯錯時責備一兩句還無腦叫囂……

這些如果真的存在，別狡辯，別搪塞，有些問題不是你不反省就不存在，如果一直這樣，換一萬個工作也於事無補。此時最應該做的就是拿出實際行動，讓老闆看到變化，並對你有所改觀。

當然，老闆不喜歡你，很有可能源自你的誤解。

喜不喜歡你這件事，主觀色彩十分濃厚，沒有人會去當面問老闆：您是不是不喜歡我啊？所以通常都是你自己搜集蛛絲馬跡當證據，時不時再加點主觀判斷和穿鑿附會，一個假的結論就形成了。

會議上被責備，就覺得自己要被開除了；看見兩位主管為方案爭執，就預感公司要崩盤了；老闆一個偶然的眼神掃過來，就覺得自己可能哪個地方出錯了……不必拿著放大鏡工作，過於敏感以致誤讀常規行為只會暴露心理脆弱的一面。每天胡思亂想，總是情緒化，這樣只會放大自己的負面情緒，沒有什麼積極作用。

你的焦慮，就是輕易被別人帶走節奏，認知上被別人左右。

「老闆不喜歡我，我會被辭退；只要我得到老闆的喜歡，就能留用。」這樣的邏輯是陷入了以喜惡判斷個人價值的誤解，若把時間放在過度解讀關係上，被喜歡和不喜歡蒙蔽雙眼，反而會忽視自己在工作中的表現和自我價值的建構。

一個人開始失去自我，很多時候都是從放棄自己的認知、喪失自己的節奏、活在別人的期待中開始的。一旦你開始活在別人的期待裡，你就會期待更多，最終引導你前行的，不再是自己內心深處的那個聲音，而是外界的期望。

職場從來都是靠實力和工作成果說話，而非主觀臆斷。想要不被情緒左右，在日常工作中就只關注老闆「對事」的意見，忽略對方「對人」的評判。**你跟老闆只是一種建立在「做事」基礎上的合作關係，核心是解決「事」的問題。在「人」的方面，他對你的態度和評價，你無須照單全收。**

學會建立自己的座標

前兩天，我去姑姑家吃飯，表姐也在。飯後就隨便聊了聊近況，表姐突然感慨，覺得自己現在一無是處。

我問她：「何以見得？」

她說：「新上任的主管對我各種不滿意。」

表姐的工作屬於內勤，負責行銷宣傳，平時以寫文案資料為主。她以前寫東西還蠻有自信的，主管對她也滿意。後來，這位主管調走了，新來的主管完全打亂了表姐平靜的小日子。

一篇宣傳文章寫出來，主管不是說標題不好，就是說文章不夠有感染力。

「這個標題感情色彩不夠鮮明。」

「這一段內容還是差了點意思，看不出上下文的關係。」

「小李前兩天寫的那篇蠻好的，你可以看看。」

新主管上任半年，表姐喪失了對寫作的信心。

表姐說：「我以前寫東西，往往考慮的是這個選題讀者會不會喜歡，這個開頭能不能吸引讀者。而現在，我第一反應是主管喜不喜歡，他會不會覺得這個標題無法打動他？」

我說：「我覺得你應該和主管好好討論一下，了解他真正的想法和要求。」

表姐說：「他本來就不喜歡我，我還去找麻煩，那不是更不討喜嗎？」

「這怎麼能叫找麻煩呢，你得知道他的想法啊，不然會一直走彎路。主管肯定有他的堅持，但你是創作者，應該適當堅持自己的意見和想法。」

表姐還是很自暴自棄：「他就是針對我。」

「我看也未必，可能是因為之前的主管很欣賞你，才會讓你覺得只要被質疑就是不喜歡。」

人是社會性動物，我們透過周圍的人的回饋，來建立自己的價值體系和座標。像主管、老闆這樣的權威人物的評價對我們的影響太大了。

但你必須知道，他說的話並非完全合理，也未必每次都是正確的，你要學會聽懂弦外之音。所謂聽懂弦外之音，就是你得分辨出，他提出的建議是否真的合理。人和人之間高品質的交流，是聽者給予說者自由包容的氛圍，說者向聽者分享經過審視或驗證的感悟。

主管有時候扮演的是統籌的角色，他的關鍵技能展現在領導力上，他做不到樣樣精通。你不一樣，你是實際操作者，對某一個領域十分拿手。你要展現出專業的一面，要有自己的判斷，也要堅持自己認為對的標準。

如果你不去研究一件事的邏輯和規則，抱著「這個方案很爛，主管一定喜歡」的消極態度，刻意抹殺自己的個性和特點，那麼有一天換了主管，你怎麼辦？你這是一點點消磨自己的價值，用榨乾自己的方式勉強提高生產力，長此以往會喪失獨立性，沒了屬於自己的核心競爭力。

當你無法建立自己的內在秩序，而是被外界拖著走，就會逐漸在腦中形成「打工者思維」，你沒有把工作當成自我價值實現的途徑，而僅僅只是為別人打工。

什麼叫「打工者思維」？主管叫我做什麼，我就做什麼；主管喜歡什麼，我就做什麼；主管要我做到這一步，我絕對不會做下一步；主管說錯了，我也照樣執行……聽起來沒毛病，但從長遠來看，損失的很可能是你自己。因為你一直想著怎麼符合別人的要求，卻從不想怎麼做才會讓自己更好。人最可怕的就是停止成長，你創造的價值也許是公司的，但工作經驗和能力卻是你自己的。

不要總是以別人的評價和看法為原點，你要學會建立自己的座標，要奪回工作的主動權，學會把期待從主管身上轉移到自己身上，為自己工作。**怎麼才算是為自己工作？就是把你靈魂的氣息貫注於你製造的一切。**你裝潢房子，就彷彿你愛的人要來和你住一樣；你做飯，就彷彿要好好犒賞自己一樣。

人生沒有什麼事情是給別人做的，工作不是為了老闆，是為了自己長本事；變美不是為了另一半，是為了自己燦爛奪目。你所有的努力都是自己的選擇，所有的榮耀和恥辱、成長和眼淚都是自己來承擔。從事沒有意義的工作才稱得上是艱苦工作，一旦這項工作變得對自己有意義，等到它有一定成果的時候，就像《兔嘲男孩》說的那樣，「戰爭結束之後，只想跳舞。」

與「不喜歡」正面交鋒

如果總是活在別人的評價裡，就不可避免地要委屈自己，活成自己世界裡的「小丑」。有時候人是要在「不喜歡」中成長的，慢慢學會如何面對自己，對待他人。

「你不喜歡我，那我就不理你」不是好的解決方案。如果之後又遇到不喜歡你的人，難道還要逃掉嗎？這一生能遇到喜歡的人有多少，如果你僅僅把你工作的範圍局限在你喜歡的人當中，那你的工作範圍一定非常小，不可能成長。

身在職場，除了要累積必備的工作技能，更應該學會的是不要輕易被外界的聲音所干擾。

你的某一個特點，可能讓一個人喜歡，也可能讓另一個人不喜歡，你是要讓喜歡你的人更喜歡你呢？還是要讓不喜歡你的人不那麼討厭你呢？我肯定選前者，因為不喜歡我的人不值得在乎。畢竟就算你是人民幣，也有很多視金錢如糞土的人。

《被討厭的勇氣》裡說：「如果你無法不在意他人的評價、無法不害怕被人討厭，也不想付出可能得不到認同的代價，就無法貫徹自己的生活方式。」

學會和不同的人相處，讓自己變得多元和包容，敢與「不喜歡」正面交鋒，並藉此機會提升自己，才是應該努力修煉的人生法則。

你未必要喜歡對方，但可以在一起做同樣的事情。因為在工作中，我們看中的是彼此在工作中展現出來的良好品質。工作，是一個講究理智大於情感的地方，要少談喜歡，多看重本事，只要有本事，喜不喜歡又如何。

所有的刻意討人喜歡，在本質上都是壓抑自己，只有喜歡自己、欣賞自己、對自我價值有堅定認識的人才不會懼怕被討厭。越是不怕被討厭的人，反而活得又美又恣意，自我認可度更高。與其看起來八面玲瓏，還不如做真實的自己。

「保持自我」是職場上十分重要的特質。這裡的自我，不是以自我為中心，而是能夠自我認可，自我提升，自我驅動。一個優秀的職場人，應該將焦點放在自我人格的養成上。面對外界的聲音、別人的態度，能夠「不拒絕、不附和、不追捧」，以一顆積極的心去面對。要有信心，覺得自己做得到，最重要的，越來越清楚自己要什麼，能自我設定目標，不斷成長。

自信是一種本能，不期待別人的誇獎，更不相信別人的貶低，是一種無論有沒有人欣賞你、讚美你，你都能充分認可自己的忠心。別人可以選擇喜歡你或者不喜歡你，唯有自己對自己的認可才是最踏實、最可靠、最安心的。

如果別人對你說：「我真的不喜歡你。」

你可以這樣告訴他：「沒關係，我夠喜歡我自己，把你的那份也一起喜歡了。」

練習 13

工作的重點是結果

——真正的職業精神，是有結果的竭盡全力

有的人很喜歡鑽研成功學，隨時隨地傳遞正能量口號。但他們的實際情況可能是：比起學習本身更重要的，是開工前敲鑼打鼓地喊口號宣誓，是昭告天下；比起運動本身更重要的，是健身房裡大汗淋漓的自拍照。

同理，比起工作效率更重要的，是讓老闆看見自己正在加班。方向不對，努力來湊；策略出問題，加班來補洞。

於是努力成了一場大型表演，誰是那個穿了「國王新衣」的人，落幕的時候會知道。

做再多額外工作都比不上做好本分工作

「如果老闆不認同自己的忙碌結果，該怎麼辦？」這種現象很普遍，叫瞎忙。瞎忙的特點之一是本分工作做不好。

前兩天約了高中同學可哥吃飯，我到飯店坐下不到十分鐘，可哥也進來了，我剛想招手，但我愣住了。這向我走來的人，淡黃的長裙，蓬鬆的頭髮，大大的黑眼圈……這難道能是一向自詡為仙女，總是充滿活力和自信的可哥嗎？

當她在我對面坐下來，我確定是她了。可哥表情呆滯，眼神渙散，毫無感情色彩地和我打了招呼。

我問她怎麼搞成這副鬼樣子，她說：「我連續加班一個月，還能抽空爬起來和你見面，已經是非常重視友誼的表現了，你知足吧。」

「你什麼時候變得這麼忙了？」我問她。

「我剛調到一個部門，事情又多又雜。」然後，她開始列舉自己每天要幹什麼工作，一會兒去旁聽其他部門的例會，一會兒負責聯絡部門聚餐，一會兒又替其他同事和客戶談合作……

我越聽越不對勁：「這跟你的工作有什麼關係嗎？」

「沒關係，不過為了給新主管留下好印象，我當然得多做一點。」

「那你主管認可你的工作表現嗎？」

好像被戳到了痛點，可哥瞬間變成苦瓜臉，委屈地說：「我覺得我們主管對我不是很滿意，前兩天提出的案子也被否決了。」

真相大白了，她做了很多分外事，而她的分內事做得一塌糊塗。可哥的工作就是企劃，但是她像沒頭蒼蠅一樣四處亂竄，唯獨對自己的企劃工作不太重視。她沒有時間去研究自己的案子，主管當然不高興。

很多時候並不是做得越多越好，做好本分工作才是應該時刻放在首位的。

什麼叫做好本分工作？就是不給別人機會找你麻煩，也不給別人機會對你秋後算帳。無論哪個職位，公司錄取你是有預期的，你連預期價值都滿足不了，還談什麼錦上添花？主動做事當然沒錯，可那是要你主動證明自己的能力。

少把心思放在揣摩主管和同事身上，盡做些撿了芝麻丟了西瓜的傻事，這樣反而給人留下不務正業和投機取巧的印象。

喜歡攬別人的工作，操別人的心，恰恰都是本分工作沒做好的人。這不是一種巧合，而是來自一種補償心理——摻和別人的工作，帶來的存在感和成就感，能彌補本分工作碌碌無為的空虛和愧疚。

身為一個合格的職場人，別給自己留下話柄，是頭等大事。只要你做好本分，很多問題都會迎刃而解。比如想得到更有前景的工作、想和同事們相處融洽、想讓主管留下好印象……你的首要任務是把本分工作又快、又好、又專業地完成，這樣大家才會信任你，你才可能得到更多機會。本分工作才是一個職場人安身立命的前提條件。

專注在那些最能實現自我價值的事物上

瞎忙的特點之二是搞不清楚事情的輕重緩急。

朋友小菲在一家公司擔任人資，三年來任勞任怨，說她有五年的工作經驗也一點不過分。每天忙著在各種履歷裡發現金子，約面試、算績效、做考勤，一週五天忙個不停，加班是家常便飯，但升職加薪的好事總也輪不到她。

最近她跟我吐槽，新來的一個同事每天準時下班，一到週末就出去玩，卻被拔升為主管了。

更委屈的是，上週正在盯著螢幕認真核對績效的她，突然被主管叫去辦公室訓話。回到自己的座位上，看著螢幕上打開的十幾個視窗：銷售績效測算表、薪酬核算、對帳單……便想到自己工作三年，整天叫外送，失眠、脫髮、體重直線上升，經常連口水都顧不上喝。

她跑到廁所，崩潰大哭起來。她萬萬沒想到，自己每天努力加班，升職加薪的卻是準時下班的人，而被罵的總是自己。

問及被罵的原因，是處理工作分不清主次，經常導致重要的事情被耽擱。

比如，當天早上同事問她能否幫忙團體面試，她自己今天其實也安排了幾個面試，有的還是視訊面試，但感覺時間夠用，就答應了。沒過多久，主管找她，給了她一些資料，說下午有幾個求職者要來，主管要和她一起面試。

她先進行了幾個視訊面試，然後被同事叫去團體面試，結果團體面試還沒結束，主管來找她，說求職者提前到了，她手忙腳亂趕去會議室和老闆會合，由於事先沒怎麼看資料，她提的問題完全沒發揮人資的優勢，還讓老闆救了幾回場，老闆臉色很難看。

所謂八爪魚式辦公，做的好叫面面俱到，做不好就是一事無成。一個人做事沒有重點時，就會把時間平均分配，什麼都想做好，最後什麼都做不好。

對於小菲來說，這三件事的後果和緊急程度是一樣的，所以來什麼接什麼，三件事同時做，最終把自己搞得一團糟。老闆當然不會認同她忙碌的結果，因為沒有一件事情是做好的。

實際上，和老闆一起面試才是最緊急的，她應該提前把資料看完。至於同事的面試，也應該看看自己到底能不能辦到。小菲沒有合理分配時間，只憑感覺去做事，導致她在重要的事情上所投入的精力與時間不多，整體的工作效率極低，效果也大打折扣。

一件事情的成敗，次序是很重要的。為工作做合理排序，就會清楚自己最應該去忙什麼，永遠要緊盯那個最重要、最緊急的事情。高手做事，從來都不會把精力平均分配，而是會專注在那些最能展現自我價值的事情上。只有這樣，別人才會願意為你的忙碌埋單。

真正意義的努力，不是讓生活更忙碌，而是及時完成該做的事。

很多人以為忙到不行，就能證明自己能力超群，有時候竟然還非常享受這種狀態。但實際上這種「忙」沒有目標，沒有章法，沒有邏輯，沒有判斷。腦子裡沒有形成主次觀念就開始下手，所以一碰到突發狀況，就慌了手腳，忘了初心。

瞎忙久了，會讓人產生幻覺，覺得自己什麼事情都能兼顧，這是典型的「過程思維」。但老闆腦子裡永遠是「結果思維」，他從不關心你中間過程做了什麼努力，他只會看最終產出的結果是否有價值。

忙了好幾個晚上做的案子，結果被客戶打回來重做，就是沒意義；開了一天的會，結果什麼解決方案都沒有拿出來，就是浪費時間；研究了幾個月的問題，最後得出的結論和剛開始時一樣，就是白忙一場。

耗盡所有精力，卻做了一件收益很低的事情，是非常不划算的。這就是為什麼你覺得自己為公司忙前忙後，熬夜加班，卻等不來升職加薪。因為在老闆眼裡，他提供時間、資源給你，還付你薪水，結果你不但沒有解決問題，反而製造了一大堆問題出來。

加班是一門玄學，有的人深惡痛絕，有的人特別信奉。但加班不應該是一種結果，它應該是一種手段。你要把更多的精力放到自己的工作完成度上，你要把對過程的自嗨轉移到對工作結果的呈現上。

想辦法提高自己的工作效率，其實也是工作的一部分。

我前兩天在地鐵上無意間聽到一個女孩打電話跟她朋友訴說煩惱。原來女孩的公司是朝九晚五工作制，上班時間足夠把工作做完，所以她每天都準時打卡下班，但是主管最近總是有意無意暗示她留下來加班。

女孩有點不開心，又不好和主管作對，她在電話裡說：「生活也不是只有工作，我也需要出去玩。」

女孩的煩惱算是很普遍了，工作已經做完了，準時下班沒什麼不對，為什麼主管總想叫自己加班？很多人聽到這個問題，第一反應是：主管有毛病，加班文化太害人。

確實，有的主管就喜歡看員工加班，員工加班他就覺得自己賺了。我也不喜歡加班，以前聽到主管叫我加班，就覺得主管好煩，沒有人性，一點都不體恤下屬。但後來我發現，不讓你加班的主管不見得是好主管，讓你加班的主管也不見得就壞。

如果主管各種明示暗示要你加班，你得先看看，他是不是對所有人都這樣。如果他對別人也這樣，那只能說明，他就是一個喜歡看員工加班的主管。這樣的主管，你很難改變他。

如果這就是他的工作風格，你該做什麼就做什麼，想要自由，就得承受一點被叨叨的代價；如果你很需要這份工作，不妨象徵性地每天加一會兒班，讓他無話可說。當然，還有一種非常討巧的方式，別說自己下班後是出去玩，一聽就不上進，你可以說下班要進修，自我增值，試問哪個主管會不願意聽呢？

以上種種全都基於一個前提：這一切都是主管的問題，是主管過分強調加班這種形式，而你身為員工不得不想辦法應付。

但是還有一個原因，如果交代的事情總是辦不好，先別急著在細節上找問題，也許你才是問題的根本。

有時候你確實把工作都做完了，但是也僅僅是做完了而已，除了工作量，看不到工作成果和工作品質。比如你是一個職業直播主，你的工作是每天直播四個小時，線上銷售商品。你確實按照公司要求，每天直播四個小時，但是人氣一直不高，帶貨能力一般，銷售業績乏善可陳。

你也許會覺得：我的工作做完了，按時下班不應該嗎？有些工作有明確的考核標準還好說，沒完成就是沒完成，但有些工作沒有明確的考核標準，而你還一口咬定自己沒問題，這就很糟糕了。

因為在主管看來，工作量確實做完了，但是工作品質很一般，你做得不夠理想，至少沒有達到預期效果。本來可以做八十分的，你可能只做了六十分。這時，主管只能各種明示暗示要你多加班，別那麼不上進。

董明珠曾說：「你勤勞，但不一定有收穫。不能因為你天天在這不回家，做了個不好的東西，我就要用，沒有這種道理。」

職場是最不相信眼淚的地方，如果分配給你的任務你沒在正常工作時間做完，不會有人給你同情分。

重點不是加不加班，而是要想辦法優化工作流程，提高工作效率。如果你工作效率高，幫公司賺了錢，事情也都完成得很好，績效考核都在前段班，主管還是要你加班，那是主管的問題。

但有時候，大家都在加班，就只有你收拾東西回家了，好像也不對，就怕主管這麼認為，大家都沒走，怎麼就你走了？所以此時，工作結果的呈現就很重要。

不管你選哪一種，都不用抱怨，抱怨是最沒用的，只會讓你工作時不開心，下班後還不開心。

給他人正確的期待，而不是錯誤的信任

工作中，要盡量給別人正確的期待，而不是錯誤的信任。

美劇《瑞克和莫蒂》（Rick and Morty）裡，有一種角色叫使命必達先生，顧名思義，就是無論你提什麼要求，他們都會盡力幫你完成。使命必達先生為了完成任務可以不擇手段，但現實中根本不可能，這就提醒我們在做承諾時，一定要想清楚自己究竟能不能辦到。

我有個朋友，有凡事喜歡大包大攬的小毛病，經常承諾一些自己做不到的事情。大家認識時間長了，知道他的為人還好，但到了職場就很糟糕了。

因為他凡事不假思索就隨口答應，自己又完全做不到，給別人留下的期待遠遠高於自己的能力邊界，最後的結果是無法讓別人信任，還經常被指責不負責任。幾年下來，職場經驗不斷從零開始。

工作幾年，早已不是新人，就不能再採用這種「只管自我能力成長，不管任務成敗」的野蠻粗暴的成長方式了。

這時你的個人信譽比能力更重要，你每一次無法達成的承諾都是在降低老闆對你的信任，有損你在同事心目中的形象，當信任低於一個臨界點後，就不會有人再給你機會了。因此當你肩負的責任越重時，你就要越能清晰地評估出自己能夠做到的事，以及盡量避免自己無法做到的事。

我們都以為自律是一個人做任何事情成功的關鍵，其實使命必達才是。

經常看到有人在網路上發問：大家都是怎麼做到如此自律的？我想了想，發現自己並不是一個很自律的人。比如我上班偶爾遲到，週末經常中午才起床，而且還有一點拖延，很多時候不拖到截止時間我是不會行動的。我當然很焦慮，但焦慮的表現，不是超級自律；相反，我常常不知如何下手，也懶得下手，常常拿著手機一看就是半天，週末更是一整天都不想打開電腦。

但是我知道，無論如何，在規定的時間內，我一定會把工作一樣樣都做好，保質保量，因為我不允許自己失信於人。

身邊一些比較成功的朋友，其實也沒那麼高效和自律，但他們都有一個共同特點：使命必達。要麼不做，要麼就一定做好。

這些年，我也見過很多自律的人，每天早上五點起來打卡，週末從來不睡懶覺，可是，你把一件事情交給他，他卻總是做不好。因為他要早起打卡，要健身，要做各種事，就沒有時間做你交給他的事，或者他也做了這件事情了，但你看不到他在為這件事情負責任。

尼爾·菲奥里在《戰勝拖拉》（The Now Habit）裡說：「我們真正的痛苦，來自於因為耽誤而產生的持續焦慮，來自於最後時刻完成項目品質之低劣而產生的負罪感，還來自於因為失去人生的許多機會而產生的深深的悔恨。」

其實，誰要看你自律，別人只看你做事的品質。別人交給你的事，你能做到使命必達，品質讓人很驚豔，甚至超出別人的預期，哪怕你一點都不自律，每天凌晨才睡覺，也沒人在乎。

管理大師彼得杜拉克曾說：「在以工作或任務為主的環境下，如果我們不能有所成就，那就算我們能與人和諧相處、愉快交談，又有什麼意義呢？」

真正的職業精神，是有結果的竭盡全力。工作的目的，就是呈現結果。最怕的就是你每天好像忙忙碌碌，做了很多事，但等到上交作品時就知道誰在裸泳。

沒人願意承認自己不努力，所以只能悶頭做一些簡單的事情，讓自己陷入忙碌的狀態，營造出努力的假像。就像以前上學放假時，總會從學校帶一大堆書回家，遺憾的是沒有一次翻開過，其實只是享受背上沉甸甸的行李帶來的安全感而已。

這個世界上誰害你最慘？誰騙你最狠？這個人就是你自己，因為你知道自己的所有缺點和軟肋，你又深得自己的信任，所以自我欺騙這件事做起來得心應手。

你可以騙過自己，但你騙不了別人，你的一舉一動，別人都看在眼裡。

「沒有功勞也有苦勞」這句話，是什麼時候開始從一句具有正常感情色彩的話偏向了貶義呢？大概是那些在自己職位上不做正事，每天打混直到下班時間，沒有任何產出價值的人拿來道德綁架公司開始的。

我之前也很信奉「沒有功勞也有苦勞」，總是有意無意彰顯自己多麼勤奮，每天早上第一個到公司，下班最後一個走。後來，當我一次又一次栽了跟頭才發現，無論多麼努力營造假像，結果真的不會陪你演戲，業績屢屢不理想是沒有辦法靠假象掩蓋的。

現在回頭看過去的自己，還真是年少無知。為什麼我希望主管能看到我多麼認真、努力、勤奮，因為當時的我確實沒什麼能拿得出手的本事刷存在感，只能以一種作秀的方式證明我是努力過的，我沒渾渾噩噩地過每一天。

有時候，我們也並非不知道自己每天都在混吃等死，但只要每個月薪水準時到手，就心安理得。當有一天黑天鵝突然降臨，第一個被裁的恐怕就是沒有產出價值的人。

陳春花教授有一個觀點：「不能產生績效的一切形式，都是浪費。」

沒有一個女人喜歡聽你講道理，你講的是道理，她聽到的卻是你對她的態度；同理，沒有一個老闆喜歡聽你講道理，你講的是道理，他聽到的是你的藉口，所以，你得用行動打動他。**巧舌如簧是本事，擲地有聲更有力量。工作要以「可交付」而不是「我盡力了」為標準。**

人生就像行駛在路上的一輛汽車，埋頭努力就是引擎，不可或缺，才能持續地奔跑；抬頭看路就是方向盤，需要不斷調整，才能順利走過人生這條路上各式各樣的門檻。

如果你只知道持續不斷向前走，遇到彎道也不及時調整方向盤，在錯誤的方向上越努力地去加速，人生這輛車只會越來越失控。

不是所有努力都能成功，更重要的是努力帶來的成果。別再瞎忙了，想要別人持續地出高價請你，不是展現出你有多努力，你得展現出你的價值才行。

練習 14

認真地看待喜歡

——所有真實的喜歡，都需要長久的鋪陳和努力

世界上有四大幸福的事：聽到好聽的歌，吃到好吃的東西，找到喜歡的工作，和愛的人在一起。

有的人全部實現了，每天都很幸福；有的人無所謂，有沒有都行，就是這樣了；還有的人是，有些歌聽前奏就喜歡了，有些美食吃第一口就停不下來，有些人看第一眼就愛上了，有些工作打開電腦就不想幹了。

別讓喜歡成為能力不足的遮羞布

畢業也許並不意味著失業，但畢業一定會面臨不知所措。

我爸朋友家的孩子小凱，畢業後，千挑萬選了一份工作。沒過多久發現，這份工作和自己想的不一樣，好像沒有什麼發展前途。

從此以後，別人的工作好像都自動貼了金，每天閃閃發光向他招手：「來這裡工作啊。」因為未曾接觸，所以對未知的一切充滿莫名的期待，期待又變成了憧憬，總覺得它們都比現在的工作好。

諷刺的是，當初為第一份工作各種糾結和權衡，好像要為此奮鬥一輩子，結果還不到半年，就恨不得丟進垃圾桶。

以上，是第一次打臉，而人生就是一個不斷打臉的過程。因為對現在的工作產生了強烈的厭惡情緒，小凱換了一份工作，結果不到一年，小心思又開始蠢蠢欲動了，這份工作也不那麼美好了。結果當然是再次換工作。

他爸爸為此發愁，問他：「你到底想做什麼工作？」

小凱回答不上來了，因為他自己也不知道。

他爸爸急了，非要他給出一個答案。

小凱只好說：「我也不知道自己想做什麼。」是的，別為難他了，他確實不知道。

上學時，以為工作之後賺錢太美妙了，一旦幻想變為現實，大部分人都會經歷一個疑惑的階段：工作怎麼和我想的不一樣呢？

因為不喜歡，就沒辦法真心實意投入；因為無法投入，就越發不喜歡；越不喜歡，越無法投入；越無法投入，越做不好；越做不好，越不喜歡……於是形成了一個「不知道自己喜歡什麼工作」所引起的完美循環。

就像一個段子說的：

一個人去面試，面試官說：「我們不能錄取你，因為你沒有工作經驗。」

這個人說：「我就是需要工作經驗才來面試。」

面試官又說：「因為你沒有工作經驗，所以我們不要你。」

難道只有找到自己喜歡的工作，才能像永動機一樣，孜孜不倦地運作嗎？職場永動機固然可歌可泣，但遺憾的是，人類迄今為止也沒有造出永動機。

剛畢業的你，覺得自己渾身是勁，一進入公司就想大展宏圖，想搞個大新聞，這很好。但是你要明白，那些成功的人，靠的不是激情，而是恰到好處的喜歡和日復一日的堅持。

激情不是開啟工作的唯一條件，因為激情和熱情是消耗品，極容易在早期消耗掉大量能量，然後就跌入對「喜歡」和「不喜歡」的頭腦判斷循環，變得不勤懇、不誠懇、不認真，最後找個藉口說：其實是因為自己不喜歡。

事實上，迷茫是一種自然狀態，不知道喜歡什麼工作，完全可以先做著。「自我」這個東西不是空想出來的，是和外界碰撞出來的。在沒有深入任何一份工作之前，你的瞭解是膚淺的，你對個人喜歡與否的判斷，也是膚淺的。

有時候，壞就壞在選擇權太多，反而讓人舉棋不定：哎呀，這個不行，那個也不行，這個不錯，哎呀，那邊好像有更好的……永遠處於「吃著碗裡看著鍋裡的」的狀態。時間長了，履歷上全是各種跳槽的痕跡，卻沒在任何一間公司裡創造出價值。

多數時候，你都被「不知道自己喜歡什麼，所以乾脆不做了」給困住了，但你沒見到這個想法的B面，不知道自己喜歡做什麼，也意味著你什麼都可以做。

猜不透的叫命運，捉摸不透的叫生活，人不知道在什麼時候碰上什麼工作，稀裡糊塗做了，也許就愛上了。

任何一份工作，只要你深入下去，都會經歷困難、挫折、磨難。沒錯，即使是看上去最快樂的那一種，也隱藏著不為人知的艱難。最快樂、最有激情的人不是那些僅靠激情驅動的人，而是做得足夠久，從而擅長自己所做事情的人。

有時候，你的不知道和不喜歡，不是因為對當下的工作沒有熱情，只是你沒有能力駕馭這份工作，所以才找了一個藉口，說自己不喜歡。

一方面，你知道工作要務實，腳踏實地；另一方面，你一邊痛苦地「搬磚」，一邊發現原來有人做自己喜歡的事情做得那麼神采飛揚，還賺到了錢。遠的不說，看別人直播和拍短片賺到錢了，你敢說自己沒有那麼一絲絲眼紅嗎？

他們都在瘋狂向你暗示：一個人只有從事喜歡的工作，才能最大限度挖掘出潛力，找到真正的自我。你茫然了，因為你一邊主動意識到自己擁有改變人生的可能性，一邊又被動意識到自己並沒有改變人生的實力。

人一旦陷入困頓，首先想的就是逃避和退縮。你以為換一份工作會更好，殘酷的是，沒能力的人，到哪兒都沒能力。

「喜歡」這個詞用在工作上特別不可靠，過分放大喜歡的前提，會忽視了態度問題。「我不喜歡這份工作」的深層心理表達，也可能是在說「我都說了我不喜歡了，所以即使我做不好也可以免受責難」。

你究竟是因為能力不足，才用「不喜歡」的說辭來讓自己好受一點，還是你真的只是不喜歡以至於需要對這份工作的價值進行全面否定。別讓「喜歡」成為能力不足的遮羞布，如果你連當下的工作都無法勝任，又憑什麼認為可以解決新工作中的問題？

正確地對待當下的工作，勝過去找一個正確的工作。

決定一個人職場資本的，不是占據職位的時間，不是履歷上那些花俏的東西，而是在工作中歷練、克服困難所帶來的品質。這種品質會帶來精緻而專業的品格，有了這份品格，別說換一份工作了，換一百份又如何。

當你只談喜歡而不談付出時，喜歡本身就會貶值

也許你又在胡思亂想了，沒辦法保持對一份工作的喜歡，可能是因為那不是自己的興趣所在。

潛意識裡，我們會認為，「喜歡」和「興趣」意味著沒有痛苦，沒有代價。但恰好相反，它們往往意味著更高的代價。工作和興趣，完全是兩碼事，興趣就是一個小習慣，花了時間和精力並有了感情的短暫迷戀。

親戚家的一個妹妹，畢業時，說自己想做設計師，迷之自信地覺得自己充滿創意，還報了設計班，也沒學出什麼所以然，最後靠關係去做了人事工作。

一開始以為人事工作就是負責面試徵才，結果根本不是那麼回事。一會兒做前臺，一會兒負責打雜，一會兒幫新員工辦員工證，一會兒又要辦員工培訓班，就連公司的礦泉水都要自己負責，還不能買太貴的。

妹妹覺得這樣不行，這工作太無趣了。某一天突發奇想：會計工作看著蠻有趣的，

而且越老越吃香。於是，開始投履歷，偶爾接到一兩個面試通知，還碰了一鼻子灰，沒有相關經驗，面試一問三不知。「看來這工作也不行，還有什麼有意思、體面、薪資不低的穩定工作呢？」

對了，採購工作不錯，於是想方設法，將之前人事工作中買水、買墨水匣和Ａ４紙的經歷誇大，這不就是採購工作嘛！

花了半年偽裝履歷，真找到了一份採購助理的工作。她以為採購是拿錢出去買東西，其實是要拿一百元買兩百元的東西；她以為出去是被供著的，其實是要看人家臉色的；她以為會講價就能當好採購，其實裡面學問很深，否則省下的錢還不夠給供應商填坑用……平時還得替部門訂購文具和辦公耗材，這不又是當初人事工作的老路嗎，這可怎麼辦啊？看來採購也不是好工作。

此時妹妹已經畢業三年，下一步如何走，做什麼工作呢？太迷茫了！

一個人的興趣變化如此之快，根本不適合用在工作上。興趣是你的生活追求，用來滿足私人快感，而工作是提供服務，兩者的動機格格不入。

誰沒有一點興趣，我有一段時間覺得烏克麗麗很酷，在網路上跟著學，彈了幾次，手指漸漸變硬，馬上要磨出繭了，很痛，然後我才比較傻的突然意識到：原來烏克麗麗和吉他，雖然此弦非彼弦，但是都那麼疼。

我開始自問：我到底為什麼要在美好的下班時間假裝文青來折磨我的手指，上班敲擊鍵盤還不夠嗎？關鍵還不疼。

我知道「喜歡一件事自然會堅持」，所以也懷疑自己是不是真的喜歡。答案是，我是真的喜歡，但也是真的吃不了苦。

為什麼明明那麼喜歡，卻又那麼痛苦？如果換到現在，我想對當年的自己說：「喜歡是有代價的，越喜歡，代價越高。」

如果單純的只想把興趣愛好當成興趣愛好，那怎麼都無所謂，如果想要變成事業和職業，就不能一直用玩的心態。喜歡寫作，就是要寫到能賺稿費；喜歡畫畫，就是要畫得能賣錢，還不是論斤賣那種。

既然是工作，不就是要有個回報嗎？不然，你每天早出晚歸地去上班難道是為了消磨時間？工作已經很辛苦了，還要花那麼多精力澆灌愛好，不該期盼它有個產出嗎？這個產出也不一定非要變現，但一定要有個結果。

我們總是太多談喜歡，太少談代價；太多談興趣，太少談服務。當你只談喜歡而不談付出時，喜歡本身就會貶值。

你對面試官說：「我真的對這份工作非常有興趣，很想嘗試。」面試官會笑著說：「好啊，那你回去等消息。」然後你發現，從此以後面試官會像被外星人綁架了一樣杳無音訊。因為表面上傳達的喜歡、熱情，哪怕再真誠，都沒有任何意義。

喜歡不是捷徑，喜歡的那一刻，只真實地發生在你願意接受它高代價的那一刻。正是因為喜歡，它的代價才更高。

你為什麼這麼難跟「不喜歡」相處呢？

那麼到底什麼是喜歡的工作？當然是錢多、事少、離家近，公司氛圍好、同事關係和諧，感到快樂、輕鬆、能發揮天賦，穩定、有趣、有前途……這種工作，哪能叫喜歡，簡直就是理想工作。

正因為理想，才更難找。然後你發現，每一份工作都有你不喜歡的點。有的錢少，有的主管壞，有的同事關係複雜，有的累，有的不穩定，有的被歧視，有的很無聊……

實際上喜歡的工作是這樣的：有喜歡的某一個方面，就叫喜歡的工作。你喜歡它的穩定，這就是喜歡的工作；你喜歡它的清閒，這就是喜歡的工作；你喜歡它的工資高、有面子、有前途，這些都是你喜歡的工作。

說喜歡，並不影響你表達自己的討厭。你討厭一份工作的枯燥和乏味，討厭它的沒有前途和上升空間，討厭複雜的人際關係，討厭總是加班的制度，討厭主管喋喋不休地指責，討厭眾多同事只會拍馬屁不會做事情……

不是所有方面都能讓你喜歡才叫喜歡的工作，有些方面讓你喜歡就可以稱為喜歡。

在喜歡與否上糾纏不休，是因為你總想十全十美，既想要安全感又想要快樂。當你想要的安全感大於你對於快樂和輕鬆的追求，你就離不開它。一個總是喊著辭職卻遲遲不行動的人，是因為他對工作的依賴大於討厭，當下所得很重要。如果能狠心放下當下所得，關係自然就斷裂了，一點兒都不會猶豫。

工作總有它的缺點，錢多則累，穩定則窮，這個世界上沒有一份工作是為你量身定制的，即使有，因為人是善變的，但工作不是變形金剛，隨時改變形態來適應你。你選了一個工作，就要接受它的缺點。大多深刻的關係都是如此：愛恨交織。既恨，又喜歡。

對於工作，有時候和對待婚姻是一樣的，我們嫁給了彼此的優點，並不斷放大那個令彼此靈魂相吸的優點，然後一俊遮百醜地相親相愛。對於工作的態度，不是期待它很完美，而是你要用完美的眼光去欣賞它的不完美。

凡事要記得初衷，不要老說：我怎麼會做這一行，我怎麼會嫁給這個人……當初，一定有個理由，曾經喜歡過，深愛過，以後變心，多想想曾經，很多事也不會太糾結。

在職業規劃中，你得明確自己最想要什麼，得到了，就應該滿足，並接受其不利因素。想通這一點，抱怨就少，心會安定。

如果你總是痛苦於沒找到喜歡的工作，那就要問問自己：為什麼你和「不喜歡」的關係，相處這麼困難呢？大概是你不太相信自己經營的能力，所以才幻想讓外界來適應你吧。

做自己喜歡的工作不難，難的是保持這份喜歡。你不是找不到喜歡的工作，你是找不到百分之百和你預期當中相配的工作。

因為你投入了太多脫離實際的預設在一份工作上，反而很難落地。對工作抱著「前無古人，後無來者」的期待，就好比抱著吃法式大餐的心情走進小吃店，那麼僅有的那一點高雅也不高雅了，非但不高雅，反倒滲出一絲尷尬。

你每一次既完成不好當下的工作，又想著哪裡有一份長得特別可愛的工作在等著你的樣子，很像在趙敏和周芷若之間徘徊不定的張無忌。他既沒有全心全意地愛趙敏，也沒有全心全意地愛周芷若。當下舉棋不定的每一刻，都意味著對二者的辜負。

其實完全沒必要，你說全球變暖，冰川融化，海平面上升……你要是關心人類的命運，這種事很有價值，但如果你只是今天要出門買個菜，它對你來說有什麼用？心懷浪漫宇宙，但也請珍惜人間日常。

放棄對光鮮亮麗工作的幻想，警惕那些浪費你精力的其他工作的誘惑，做事要有定力，每一個行業都可以賺到錢，但問題是你不可能去做每一個行業。

去做喜歡的事情沒問題，問題是喜歡的事情不是一開始找到之後去執行的，它是結果不是原因。愛一行做一行，不如做一行愛一行。比起找到喜歡的工作，找到一份工作並做到擅長更重要。

《奇葩說》有一集節目，辯論的主題是：「你會選擇高薪不喜歡的工作，還是低薪喜歡的工作？」

蔡康永選擇了「高薪不喜歡」。原因很簡單，他認為，很少有人在一開始，就清楚地知道自己喜歡什麼，想要什麼。人的認知是需要一個過程的，他建議，不一定要去做最喜歡的一件事，但是要去做能夠學到東西的一件事，因為學習是快樂的。

喜歡和興趣是有代價的，代價就是要付出到擅長。不管你是喜歡寫作，喜歡唱歌，喜歡設計，喜歡直播，還是喜歡攝影……都是如此。

如果你是一個普通人，堅持在一個領域深挖是回報率最高的做法。十年前你看到電腦專業很熱門，你從機械轉到電腦；五年前你看到土木工程熱門，你又從電腦轉到土木工程；今年電腦又熱門了，但是你再也轉不回去了。

專業這東西，都是三十年河東，三十年河西。如果沒有足夠的前瞻眼光，就認定一個方向踏踏實實地做，這是回報率最高的辦法。

你不要僅僅只看到當前，更重要的是看到未來，你會實現什麼？很多事你不可能預先計畫，有時你盡全力做了，蛋糕就是發不起來；有時候這蛋糕又會好到連做夢都想不到。

如果你現在做的事情，是你必須要做的，先別管喜不喜歡，既然要做，就全心全意投入，努力讓自己進步，做到比多數人擅長，等擅長到它給了你別的東西無法給你的安全感、成就感和優越感，你很難不喜歡。

在《世界盡頭的咖啡館》這本書裡，作者說：「人不能剛邁出第一步，就站在原地等待。」

你有不出發的權利，可是一旦決定上路，就帶著十足的上進心和行動力全力以赴吧，這樣才能收穫一個不後悔的人生。

練習 15

接受家庭和事業無法平衡

——選擇的出發點，應該是「我願意」，而不是「我必須」

人生充滿了各種問答題。

比如女生最喜歡問的一個問題：我和你媽同時掉進水裡，你先救誰？（又來了……）

滿分答案是：「我媽說先救你。」

懂得深度思考的人不會糾結在問題裡，而是看到問題的本質——這是女友求愛的訊號，只需證明你是愛她的就行。

女生也別想得太美了，你在「真愛」和「事業」之間的取捨，是不是也一樣有過進退兩難？

身為女性無可迴避的現實

包小包所在的公司最近有幾個同事因為工作壓力太大，日夜顛倒，沒有正常休息時間，都有離職的打算。包小包私底下勸同事小金：「忍著點，現在環境不好，不好找工作。」

嘴上這樣說，包小包的日子也不好過。她對老闆的服務，除了日常工作支援，還要提供情緒價值。

工作中無論老闆說得對與錯，包小包都是第一時間迎合：「是的，我們怎麼就沒想到呢，您太厲害了。」下班後，老闆習慣在工作群組裡傳訊息，大多都是不痛不癢的瑣事，沒人回應，只有包小包為老闆「挽尊」。她的通訊軟體裡存了幾百個表情圖案，都是嘻嘻哈哈真誠謙遜的，用來回應老闆和合作夥伴。

小金問她什麼是挽尊？包小包有自己的解釋：「尊，就是老闆的尊嚴。挽，就是挽住。老闆說話沒人聽，尊嚴掉了一地是要發脾氣的，這時候就需要有一個人出面挽尊。」

「難怪老闆這麼喜歡你。」小金說。

老闆確實喜歡包小包，曾經公開說，包小包是她遇見過的最好的員工，大家都應該向她學習。

包小包苦笑，「好」是要付出代價的。哪怕休息日和男友在燭光晚餐，老闆突然打電話說有工作處理，她也會馬上進入工作狀態。

男友曾多次表達不滿，說這樣的老闆太變態，還不止一次問她：「你說吧，要工作還是愛情？」

「這不衝突，親愛的，沒有麵包，哪來的愛情。」包小包回答得很誠懇。

老闆見過包小包的男友，一個相貌平平無奇的男人，在街上一抓一大把。「你值得更好的。」老闆對包小包說。老闆對愛情的看法完全建立在外型與物質的基礎上。

包小包可能是公司裡最了解老闆的人，在她看來，老闆的工作能力普通，最喜歡做的事情就是剝奪員工的私人時間，還美其名曰：「你們太不會利用時間了，年紀輕輕的，不上進，一天就知道玩。把你們的時間交給我，以後你們會感謝我。」

看著小金近乎憂鬱的模樣，包小包知道這個二十歲出頭的女生正站在懸崖邊上，她也只能稍微勸一下，誰也不能主導別人的人生。她在這聲色犬馬的職場裡混跡多年，也只剩下這一絲悲憫心。

小金還是太年輕了，在多次請假被拒絕後，情緒爆發了。那一天她當著所有人的面把老闆罵得狗血淋頭，不僅老闆目瞪口呆，包小包也震驚了。先不說言語是否難聽，單是態度就讓包小包覺得，自己一輩子也不可能對老闆這樣，難道這就是性格決定命運？

受到小金的影響，又有一位同事離職了，而包小包成了名副其實陪在老闆身邊的忠實老員工，算一算也不過才入職三年而已。

老闆根本不在意下屬接二連三離開，用她的話說：「這個世界缺什麼也不缺人才，只要有錢，還愁找不到更好的人？」

接著又對包小包鼓勵一番，只要好好幹，年底會替她升職加薪，然後又畫了一張更大的餅。

包小包和男友講起小金和老闆吵架的事。

男友問她：「是羨慕，還是覺得她太衝動了？」

包小包說：「都有，但現在出去找工作太困難了。」

「人人都有自己的想法，別替別人操心了。我倒想問你，是你老闆畫的餅好吃，還是我給你做的手抓餅好吃？」

包小包想了很久，回答不出來。

她當然知道男友心裡的怨念，誰不希望多一點時間和戀人相處，但有時候感情和工作是很難平衡的，有了家庭之後，就更難了，時間還是那些時間，但你要做的事更多，要解決的問題越來越複雜。

朋友莎莎的公司剛應徵了個女生做業務，不到兩個月就懷孕了，然後，開啟了三天打魚，兩天曬網的請假模式。莎莎公司的職務基本上屬於一個蘿蔔一個坑，每個人都要各司其職，上司和人力資源主管只好找她面談。

上司說：「做業務壓力很大，你看看要不要考慮轉行政工作？薪水雖然低一些，但工作量也小。眼下公司忙著拓展市場，正缺人手，這樣我們也好再找人。」

女生想了想說：「轉行政可以，但薪資最好別降。」這就很尷尬了。

上司後悔不應該錄取她，她也不願意降薪，人力資源主管只好想辦法繼續和她溝通。

我們部門前段時間也有一個女生辭職回家做全職太太，因為她在監視器裡看到保姆趁她不在打了孩子屁股。她是前年入職的，試用期剛過沒多久就懷孕了。她很瘦，身體不算很好，所以經常請假去產檢，很早就休了產假。現在，突然毫無預兆地辭職了。

她辭職後，人力資源主管來找我上司瑞秋，說暫時沒有要再徵人的打算，那女生手頭上的工作找別人分擔一下吧，大家配合一下。然後又小聲問了：「你們部門其他女生最近沒有人有要懷孕的計畫吧？」

瑞秋說沒有。人力資源主管鬆了口氣說：「那可真的太好了，生孩子當然是好事，但我現在確實是害怕了，再徵人都要仔細看體檢證明了，很怕又找來試用期懷孕，轉正就請產假的……唉，生完馬上就辭職，我都有心理陰影了。」

瑞秋問：「什麼心理陰影？」

「我只能盡量少招女生，或者是未婚單身的，連生過孩子的我都有點怕，萬一要生第二胎呢？老總前兩天還暗示我，唉，其實有很多挺好的女生來應徵我都不敢錄取。很可惜，但也沒辦法。」

是啊，有什麼辦法呢？這種事其實不算常見，但只要出現就會引起討論，而且批評聲居多，說女員工就是麻煩多，這個不行，那個不行……女生們聽著也應該很委屈吧。

而且在許多關於女性的刻板印象裡，最多的一條是：女性不能委以重任，關鍵時刻她們不太可靠。

不信你想想，同樣有了小孩：人們對男性會說：哎呀當父親了，這人可能更負責了吧；對女性會說，哎呀當媽了，心思應該都在小孩身上，無心工作了吧。未必是惡意的，但這就是不可迴避的現實。

不斷後退，最後可能一無所有

當愛情／家庭和工作之間的天秤逐漸失衡，再加上男友或老公在旁邊說著「別做了，我養你」之類的甜言蜜語，很多人頭腦一熱就辭職了，畢竟家庭永遠是最重要的。朋友之前懷孕，工作壓力很大，所以聽了老公「我養你」的話，回家做起全職太太。本以為全職太太能輕鬆些，沒想到是另一種困難模式。不僅是家事加清潔加育兒混合作業，還二十四小時全年無休。婆婆還來指手畫腳，看這個不順眼，看那個不滿意，完全沒有尊重她的辛勞成果。好在，老公對她很體貼的，她才能一直忍著。

有一次被婆婆挑剔了「家事做不好，帶孩子不行」後，她忍不住向老公抱怨：「早知道這樣，我還是出去工作好了。」

老公說：「你出去工作了，孩子怎麼辦？」

「你不能幫忙照顧嗎？」

「我一天工作那麼累，你不是沒事做嗎？」

她當時聽完，拿著奶瓶的手微微有些顫抖。她知道老公這話未必有心，但隨口一說更可怕，說明這想法已經根深蒂固了。

她的第一反應是：這不是明顯將自己放在局外人的身分嗎？這不就是在說我在家裡做的事沒有價值嗎？她以前從來不把自己回歸家庭這種事當作一種犧牲，但她現在不得不重新考慮當初的決定到底是不是一個正確的選擇。

做全職太太其實也很難，它的難不是價值得不到承認，也不是社會觀念的歧視，而是這個價值僅僅對小家庭有意義，是無法在市場上自由流通的。沒有一顆強大到無所畏懼的內心，會很容易陷入無價值感，喪失自信，鬱鬱寡歡。

為什麼很多才華橫溢的女人會主動選擇退後一步？因為周圍的壓力實在太大了，有家庭的、社會的壓力，大家都看著你呢，眼神彷彿在說：太強的女人，沒人會喜歡，別人會怕。

很多人不會承認自己在職場上有性別歧視，卻將妻子的後退一步視為理所當然。理由是當家庭與工作出現衝突，總要有人後退一步。但為什麼後退的永遠是女人？不要說什麼因為女人更擅長持家，工作那麼多難搞的問題都不怕，會解決不了持家問題？

如果真的有一個要退，那麼可以是男人，也可以是女人，而不應該必須是女人。既然同樣都是付出心力與時間，那麼無論什麼工作，都應該享有一樣的權利，不能因為一方沒有產生物質價值，就應該被無視。

工作不順利時，別把愛情當救命稻草。愛情應該是兩個人共同打拚，而不是一個人對另一個人的「精準扶持」。

「辭職，當全職太太算了。」看似是氣話，不過氣話也有幾分真。選擇愛情當然沒有什麼不好，但如果是為了逃避一種困難而隨便找救生圈，是真的不夠理智。

如果真要做全職太太，你的核心競爭力是什麼呢？全職太太同樣是一份需要精進的職業。付出度、精細度和對家人的愛意，都是績效考核。雖然全職太太的核心價值沒有得到公認，但是丈夫心裡的小帳本可是一清二楚。

所以再遇到這種問題，真的要想清楚，自己手裡還有哪些牌留給餘生？職場女性可以提升學歷、升職加薪、穩住人脈，織一張社會支持網；全職太太可以投資理財、房產、深度介入家庭財務，甚至可以為自己存一筆備用資金。

別為了成全什麼圓滿而忽視自己的真實感受，別為了一時的挫折就忽視了自己改變現狀的能力，你也曾付出所有才走到今天這一步，沒有人可以讓你輕易放棄。別只想著後退，後退，再後退，你的不斷後退，最後很可能是一無所有。

其實多數悲劇，是因為「別無選擇」，就像公主被王子吻醒，發現四周沒有別人可選。

當全職太太成為一種選擇，職場女性就被逼入死角，你對家庭付出的時間少，就意味著你沒有擔當，不顧家；當職場女性成為標杆，全職太太就會被批判，這就陷入另一種「正確」，你應該成為「獨立新女性」，回歸家庭，就意味著不思上進，自甘墮落。

你偏向事業，別人會說你不顧家；你偏向家庭，別人會說你不夠獨立。於是。你被架上神壇，被要求要麼向前，要麼後退，必須選一個。但沒有人告訴你：你不必完美，更不需要面面俱到。

「家庭」和「事業」是沒辦法平衡的，千萬別看幾部電視劇，覺得女主角太厲害了，每天都在上演逆襲劇情，而自己怎麼那麼無能？那些都是劇情需要，生活困境如此之多，從職場到家庭到人際關係的處理，再到職業瓶頸和自我認知，哪一項都不簡單，大家的生活都是一地雞毛，誰在現實裡都逆襲不起來。

如果事業上要攀珠穆朗瑪峰，關係上又要爬阿爾卑斯山，兩邊都累，弄不好有一邊還會摔得粉身碎骨。哪頭都放不下，哪頭也都不會做到滿分。當虧欠感和付出感摻和在一起時，就成了生活和自我之間的零和遊戲。一旦任這種付出感升級為犧牲感，下一步就是生出怨氣。心裡有怨氣的人，隔著十米別人都會感受到你的不快樂。

這時要警醒自己，不要追求不偏不倚，太累了，還不現實。就像番茄炒蛋的酸甜度，每個家庭都有自己偏愛的比例，你內心對「家庭」和「事業」的權衡也肯定有自己的黃金比例。

二選一的問題，不一定非要限於二選一的答案，請考慮相容性。

什麼叫相容性？你可以選擇回家照顧家人，也可以選擇在職場上打拚，又或者兩者兼顧，這是你的自由。但前提是，你得先讓自己游起來，別沉下去，當你自己沒有支撐的力量時，你既照顧不了自己的家庭，也拯救不了自己的事業。

真正的菁英，不分職場和生活。怎麼理解菁英？菁英是精力管理的英雄，事業與生活，全部都要。真正的菁英，不僅能在職場上叱吒風雲，放下工作也是一群懂得生活的人。

一個人真正的體面是什麼？大概是，有能力買麵包，也有能力越過越好。

要變得越來越好，不是要你過上什麼讓人高攀不起的生活，而是無論生活是順境還是逆境，你都有自信把握住自己的生活，不會因為工作或是愛情的失衡而讓自己陷入尷尬、孤立無援的境地。

你不是你的性別，你是你自己

女生在職場得到的一定都是歧視嗎？也不盡然，職場對有能力、有實力的女生也深表敬意。

公司資訊技術部門的主管是個理工直男，偏好選擇男員工，其實在這一行業也是常態。沒想到招著招著，部門裡的男女比例基乎持平。

同事們開玩笑：「又找不到男員工啊？」

他搖搖頭說：「沒有，純粹就是面試時她們表現得太好了，感覺不錄取就吃虧了。」

用人方當然知道女員工的不利因素，但決定因素還包括能力和品行。一個有能力的女員工和一個實力平平的男員工，腦子稍微清楚些的老闆都知道選誰。

生活也許並沒有那麼友好和溫情，但別在一些「隱形規則」裡失去了底線，喪失了信念，迷失了自我。

別忘了，你不是你的性別，你只是你自己。

只要你內心真的認同一種生活方式，能夠承擔它帶來的後果，能符合內心的邏輯道理，感到幸福並且滿意，獨立與否就不再是個問題，畢竟又有誰能斷言只有某一種生活方式才是絕對正確的呢？

包小包後來跟男友說：「老闆畫的餅肯定沒有你的手抓餅好吃，但是你要知道，夾了菜的手抓餅更美味。我怎麼捨得讓你一個人又要負責手抓餅，又要負責炒菜呢？我知道你怕我受委屈，我也考量過的，目前在我的承受範圍之內，如果忍受不了，我一定會辭職。你放心吧。以後你負責手抓餅，我負責炒菜，我們一起吃成大胖子。」

男友聽完狂笑，並且也表示了極大的支持和鼓勵。

當你經歷過被誤解、被欺騙、被剝奪、被定義、被放棄，卻依然充滿鬥志，想要的東西還會極力爭取，但不再害怕失去什麼。這是因為，你早已看穿了所謂的「完美」，拿掉了那些錦上添花的東西，基本盤就是努力到讓自己有足夠的自信面對生活的難，那確實沒什麼好怕的。

當你錢包裡有錢，肚子裡有貨，眼裡還有世界，你逐漸學會放過自己，如果生活和工作壓得自己喘不過氣，你不再逼自己就範。你學會了不羨慕誰，從世事的磨煉中養成了不卑不亢的生活態度；你學會了不嘲笑誰，從人生的起伏中學會了寬容慈悲的精神情懷。不隨便羨慕誰，是看得起自己；不隨便嘲笑誰，是看得起別人。

去做你想做的自己吧，如果想回歸家庭，不要放棄自己的競爭力，確保有一天你回到戰場時，可以驕傲地不輸任何人；如果想做職業女性，那就一往無前衝鋒陷陣，不要聽信任何偏見，去放棄你本想做出的嘗試。

真心希望，每一個心有所向的你，都能勇敢而努力地一步一步爬上自己想征服的高山；每一個渴望平凡幸福的你都能在愛情與婚姻的試煉中得償所願；每一個披荊斬棘的你都能在女性各種身份的轉換中，活出自己的光芒。

練習16

不要面子的勇氣

——很多人嘴上說著職業無貴賤，其實心裡都帶著鄙視

有句話說：「世人慌慌張張，不過是圖碎銀幾兩。可偏偏這碎銀幾兩，能解世間萬種慌張。」成年人的自信，就是出門口袋裡有錢，怎樣賺錢，方式不重要，只要賺自己應得的，就很體面。職業，不分高低貴賤，重點是看你是否創造了價值。不創造價值，那才叫不體面。

擁有一點不要面子、越挫越強的勇氣

最近有一條新聞引起了很多人的注意：年薪百萬女碩士辭職做保姆。大家第一反應是：她這是圖什麼啊？

我好奇的不是女碩士辭職做保姆，而是很多人的那句「她這是圖什麼啊」裡透露的不理解，還有那麼一點匪夷所思，潛臺詞八成是：女碩士竟然淪落到要去伺候人，這不是大材小用嗎？那麼多書白讀了？

先別急著幫人家哀嘆生活不易，看似是走投無路之舉，其實這是人家主動選擇的。

看看這基礎待遇：月薪十萬起，朝九晚五，雙休，只負責照顧孩子，不包括家務收納……如果不考慮工作性質，這個待遇不讓人羨慕嗎？為什麼一加上「保姆」這個頭銜，就馬上變味了，不香了？

還不是因為心裡頭的鄙視在暗暗作祟，有些工作早已被一部分人打上了「不夠體面」的標籤。

提起保姆，很多人印象裡，就是一位年齡比較大的阿姨在賣力拖地的場景，還散發著濃濃的任勞任怨的氣息。只能說，你和社會脫節太久了，家政行業早就「產業升級」了。

家政行業這幾年迅速發展，吸引了不少年輕人加入，現在的從業者學歷大部分都是高中，大學和研究所畢業也是大有人在。像月薪十萬的保姆，也不是很誇張，還有價位更高的。所以不要覺得家政服務者活得不如自己，他們真的有可能是「隱形富豪」。

想想在辦公室的我們，終日不情不願地加班，還時不時擔心公司揮一揮衣袖就對我們說掰掰，而金牌月嫂錢賺到推都推不開。

網上曾流傳過一段爭議比較大的話：有一種誤解是，辦公室的白領們以為自己的表現優於父母。其實這不過是因為經濟結構轉型造成的誤會而已。現在在公司的格子間裡面勞碌命做ＰＰＴ的那些人，和當年踩著縫紉機的女工們，其實本質上沒有什麼差別。

真的沒必要把一些行業踩在腳下，順便抬高自己的職業地位，也不要自以為是，覺得自己想做也能賺到錢。想在家政行業賺得盆滿缽滿，必須得講究一點專業，是先有了專業的培訓，再有了專業的工作，最後才會拿到高薪。

為什麼一個碩上敢選擇保姆的職業？因為多年學習經驗會影響一個人的思考和行事方式。你看的只是單一的職業，她看到的是職業背後更深遠的發展前景，還有這個職業衍生出來的更多可能性。

當你迫不得已選擇了一份不喜歡的工作，每天愁眉苦臉數著日子過時，有些人恰恰主動選擇了這份工作，因為他們對自己的意願瞭若指掌，無論是把工作當作跳板，來為自己的將來鋪路，還是真心喜歡，覺得自己值得為此付出，他們都能遊刃有餘。

既然當事人決定憑本事賺錢，旁觀者就別多事了。有那個時間議論別人的工作不值錢、不體面，真不如多讀書、多歷練。

其實你不知道的是，你在對別人恨鐵不成鋼時，別人可能已經在默默數錢了。

最近，SNS上朋友的網拍廣告又多了起來。

一位朋友所在行業不景氣，也做起了網拍。每天在SNS上賣力吆喝，好在數量和密集程度都點到為止，也沒有讓別人覺得困擾，而且能看出來文案是自己寫的，圖片是自己拍的。我很欣賞她積極生活的態度，能認清現狀，沒有坐以待斃，而是主動尋找出路。

沒想到另一個朋友有一天私訊我，說：「你看那個誰，好歹在公司也是主管，怎麼去做網拍了，真廉價……」字裡行間，處處顯示著看不起網拍的意思。我不知道說什麼，傳了一個表情圖案結束對話。

這幾年，大家確實深受網拍廣告困擾，要說心裡不煩躁，那是撒謊，但也不能因此就定義為廉價吧，一個人憑自己的本事開拓事業，沒有什麼好丟人的。努力奮鬥是所有人的標準配備，就不要說別人姿勢難看了，你不喜歡可以不看，但不應該看不起。

誰不想風風光光賺大錢，但錢性如水，總是向最低窪處彙集。你蹲在高尚地段迷茫，是賺不到錢的。賺錢，你要放下身段。那些能放下身段的人，都活成了人生贏家；而那些放不下身段，扭扭捏捏，什麼也看不上的，也只能被別人看不上。

不管你相不相信，很多人雖然嘴上說著職業無貴賤，其實心裡都帶著鄙視。他們認為在市區辦公大樓上班才叫高級，考上公家鐵飯碗職缺才叫有面子。而且很多人對頭銜有一種執念：二十五歲要當經理，三十歲做總監，然後就是首席財務官、首席執行官……好像光鮮的頭銜一旦加持，自己就從透明人躋身成功人士，打從內心裡看不上那些所謂的「小公司」、「小行業」。

親戚中有一位學藥劑學的表哥，因為讀書成績優異，最後念到博士班。快畢業時，他很糾結就業方向，要麼是去大學教書，要麼是去研究院，要麼是去企業，但他又不願意經常待在實驗室裡。

想轉行，但他偏偏喜歡技術類的，又只想去大公司，結果專業都對不上，一直被拒絕。他自己也想不到，博士畢業幾個月了，竟然還沒找到工作。

親戚替他著急，為他介紹了醫藥代理業務員的工作，和他學的一致，先做再說吧。結果他一聽，很不客氣地說：「我一個博士班畢業的人，去做業務，丟不丟臉啊！」

親戚一聽差點被氣暈了：「憑自己本事賺錢，怎麼就丟臉了？」

輾轉幾年，他一直也沒找到合適的工作，一邊嫌棄這個、鄙視那個，一邊做著進入大公司，直升總經理的美夢。

一個人太看中頭銜、太在乎面子真不是什麼好事。生活不是活在別人的眼裡、話裡，不是活在面子裡，而是活在自己的自信裡。如果沒有實力打底，面子是虛幻的泡沫，一碰就碎了。

明明已經沒飯吃了，還死要面子，才真的可恥。口袋裡空空如也時，就要先收起面子。

有個記者曾經問蔡瀾：「大學考試失敗了怎麼辦？」

蔡瀾回答說：「不能念大學了，你就不能去麥當勞做事啦？」

有人說：「這個世界不屬於八〇後，也不屬於九〇後，更不屬於〇〇後，而是屬於臉皮厚的。」這種臉皮厚，不是恬不知恥，而是能放下身段，迎難而上，敢於追求自己想要的生活。

作家波赫士有句話：「生活是苦難的，我又劃著我的斷槳出發了。」

人生不總是體體面面的，有時候難免灰頭土臉，重要的是保持著一點不怕苦、不服輸的心氣，加上一點不要面子、愈挫愈強的勇氣。

生活是多種形態的，不是每次都要光鮮亮麗，準備粉墨登場，就算一身粗布爛衣也不妨礙你努力奮鬥。總要先吃飽飯，才能保護自己和身邊重要的人。站在高處時可以享受詩和遠方，身在低谷時又能為五斗米折腰，拚盡全力，才最了不起。

我們皆因活著而閃耀，不分高下

好朋友阿芝是做零食代理的，因為選品眼光獨到，前瞻性強，經常能代理到熱賣的零食。生意越來越紅火，利潤可觀。因為產品供不應求，許多中小企業都被婉拒合作。

但有一年，她公司代理的一款零食被檢測出添加劑超標，雖然她一收到消息馬上下架了，但還是產生了不好的影響，訂單紛紛取消，存貨壓力嚴重。

那段時間實在太艱難了，以前他們愛理不理的合作商，現在也對他們愛理不理，心理落差可想而知。好在阿芝內心強大，為了挽回口碑和信譽，她親自帶著業務上門。受到冷遇也好，被人刁難也罷，阿芝堅持線上搞促銷和滿額折價活動，又主動聯繫小超市、小企業，有時為了量小煩瑣要求多的訂單，專門研製產品作業指導書，盡可能保證能發放員工的薪資。

阿芝不認輸、不矯情、小事累活都認真去做的態度和做法，讓被喪氣籠罩的公司員工看到信心和希望。

撐過一段艱難的日子，阿芝拿下了一家知名連鎖便利店的訂單，生意慢慢有了起色，雖然沒辦法和從前比，但線上線下都反應熱烈，公司也逐漸轉好。

很多時候，你無法預料意外什麼時候突然就降臨在自己頭上，還有可能完全不是自己的過錯。但時局急轉直下時，抱著過去的高傲和自尊，端著以前的面子和身段，只是死要面子活受罪。不如想想以前賺慣了容易的錢，現在怎麼賺得到困難的錢。

打腫臉充胖子無濟於事，過得不好卻裝好遲早會露餡。只有經歷過窮困潦倒的日子，你才能深刻體會到：沒有白馬王子挺身而出，沒有救世主來顯露神蹟，更沒有英雄拔刀相助，當務之急就是讓自己走出眼前的困境。

有的人可以乘風破浪，有的人能夠興風作浪，但大部分人只能祈禱船先別翻。只有自立自強，雷劈到自己頭上也不怨天尤人，不自怨自艾，放下虛無縹緲的面子，充分利用自己的精力、體力和一切可以動用的資源，才會等到下一次風平浪靜。

有時候鄙視的存在，是因為有一些人破壞和漠視規則，道德敗壞，吃相難看。

比如一條商業街，從頭逛到尾，被十幾個推銷人員攔住推銷。即使你強烈地表示了自己沒興趣，他們也不會善罷甘休，一定要跟著你再走幾公尺。美好的逛街心情，瞬間被煩躁取代。

稱呼叫得再動聽，產品說得再天花亂墜，也無法彌補你美好心情被破壞的損失。可以理解賺錢的不易，但對方要懂得適可而止，既然人家已經明確表示沒興趣，就不要死纏爛打了。

我們該鄙視的是行銷亂象，以不尊重個體意願，強行拉人的無禮行為；我們該鄙視的是利用職務之便，中飽私囊；我們該鄙視的是利用性別之便，破壞公平公正就業環境的不當行為；我們該鄙視的是違法亂紀，以坑蒙拐騙獲利的無恥行為。

低姿態不會被人鄙視，但低劣行為一定會。所以我們才更欣賞那些愛惜自己的羽毛，就算為生活所迫，身處低谷，也堅持用自己的雙手，堂堂正正把錢賺了的人。

人性很複雜，我們都對從低處往高處爬時的低姿態喜聞樂見，覺得那是成功者的一種自嘲，看起來很好玩；卻往往對從高處往低處滑落的低姿態心懷同情，覺得是人間慘劇。

但每一個務實踏實的低姿態，都是在為將來的一鳴驚人做準備。如果你渴望，就去追逐；如果你欣賞，就去褒揚；如果不屑，就轉身離開。每個人都有權利選擇追求或鄙夷世俗意義上的成功，卻無權對別人的出類拔萃揶揄諷刺。

人生有順境和逆境，地球生活的關鍵是改變，汽車會生鏽，書頁會發黃，技術會過時，毛毛蟲會變蝴蝶，黑夜會變白晝。

在生計受到影響，又在自己的領域賺不到錢時，換一份工作或者做一份兼職都是權宜之計。送外送，開網路叫車，做代駕，該擺攤擺攤，該送貨送貨。

天下沒有卑微的工作，職業也不應該有高級和低級之分，實實在在地賺錢，比虛無縹緲的矯情更能解決眼下的問題。

一個人要跳得又高又遠，最有效的動作是：先往後退，下蹲，助跑。人的一生有各種升降起伏，誰不是先放低姿態和雞毛蒜皮作對到底，之後才有資格看風花雪月。

尊重每一個在人生低谷時放低身段自強不息的人，也是給將來可能遇到同樣情況的自己一劑強心針。

有時候生活就像你從超市拎出來兩大袋子東西，好重，好重。細細的塑膠袋提把勒得兩隻手很痛，很痛。還好，沒有哪一次是你沒能拎回家的。

我們都是一頭栽進對未來的憧憬裡，想拚盡全力試試自己能夠成為誰。不要因為別人對你努力的姿勢潑冷水就輕言放棄，不要覺得自己灰頭土臉顯得品味很糟糕很狼狽，我看到的是，你汗流浹背的樣子真的很性感。

我們拒絕感謝災難，但大難過後也收穫了禮物。我們也皆因活著而閃耀，不分高下。

練習 17

了解自己的能力

——比跳出舒適圈更重要的，是知道自己的能力邊界在哪

不在沉默中改變，就會在沉默中裸辭。

裸辭這件事本身並不可怕，如果工作真的已經到了影響身心健康，甚至危及生命的程度，那麼敢及時做出這個決定的人，不但不是任性，甚至是理智和果敢的。但裸辭之後，路在何方？

你可能不是跳出舒適圈，是跳入別人挖的陷阱

如果裸辭是為了跳出舒適圈，強迫自己經歷狂風暴雨，總會感覺哪裡不對勁。「舒適圈」這個概念一問世，就讓無數看似生活在舒適圈中的人，如夢初醒般地開始想要逃離，一時間所有的職場負面因素都由舒適圈來扛責。

是的，很多人都在想著如何跳出舒適圈，可好像很少有人想過，跳出之後呢？

前段時間，在銀行工作了五年的林薇宣布，要跳出舒適圈，追求有質感的生活。

林薇是名校畢業生，用她自己的話說，考上知名大學已經是人生巔峰。她是那種從小沒有興趣愛好，缺乏為人處世歷練，靠著在高中一腔熱血不斷寫模擬考題考上名校的學生。

林薇家裡幾乎所有人都是公務人員，他們自然也希望林薇的工作能和「穩定」二字掛鉤。於是，林薇畢業後就去了銀行，家人很高興。

面試時，面對人力資源說「我們銀行只有你一個是XX名牌大學」這樣肯定的評

價，她也只能朝對方笑而不語。

一開始她心裡也有點驕傲，覺得自己是「放錯了地方的光芒」，但慢慢地，她發現自己什麼都不會，曾經高分、獎學金的輝煌全變成了更疼痛的自我懷疑。而且無聊的工作內容和複雜的人際關係，讓這個所有人都覺得很不錯的工作，不僅沒帶給她快樂，反而給了她更多的負擔。

林薇覺得現在的生活讓她變得頹廢和壓抑，以往她好像都是被迫向前走，這次她要自己選擇。她不顧家人的強烈反對，辭職了。

半年內，陸陸續續換了兩份工作。前段時間，她告訴我：「我不想做了。」

她說：「我以為挑戰和痛苦會帶來上進心和動力，但卻收穫了更多的焦慮和煎熬。原來跳出舒適圈的第一反應，就是不舒適。」

對於現狀，林薇有些迷茫。她不顧家人反對，拚命跳出舒適圈，追求更豐富的生活，但並沒有得到想要的結果。她不惜改變自己內斂的性格，強迫自己多與人交流，可為什麼努力之後得到的一切卻不能讓自己快樂？如果當初選擇留在銀行，生活會不會不一樣？拚命跳出來的自己，到底得到了什麼？

林薇得到的一切，看似都是她的主動選擇，但事實上，林薇一直都在被動地被推向遠離自己內心舒適區的方向，她成功地離開了，卻也迷失了。

當「留在舒適圈就是逃避，只有跳出來才是上進」成為輿論導向時，就怕你一時意氣用事，沒有考慮後果就跳出來，這樣讓你跳出來的，就再也不是主動的意願，而是被動地渴求身份認同。實際上，拚命逃離的人，不是在跳出舒適圈，而是在跳進別人挖的陷阱。

角度變了，才看得到原本被忽視的東西

每一個裸辭過的人都有相同的絕望：你孤注一擲、背水一戰，最後瞬間成空。

李可怡也曾經歷過一次難忘的裸辭經歷。當時她主業穩定，副業也做得風生水起。為了能有更多時間追求自己的理想，她選擇了裸辭。

裸辭前，她做好了詳細的計畫，按照以往做副業的收入水準，賺得不會比上班少。只可惜，計畫在變為現實的過程中，卻出了大問題。

問題的主角就是她自己，在家工作的第一週，就變得懶懶散散，第二週，情況更嚴重了。一個月後，她的作息已經徹底混亂，每天睡到自然醒，很多目標和計畫，想起來永遠躊躇滿志，做起來……還是先看看綜藝、SNS、熱門戲劇吧。一週的產出，還不如以前兼職時週末兩天的成果。

說好的副業變主業、生活事業平衡成了泡影。半年後，她不得不重新開始投履歷、找工作。

曾動過裸辭念頭的人，可能都在網路上看到過裸辭後生活自律、找到新生的案例，覺得別人能做到，自己也一定可以做到。但他們忽視了這其中最重要的一個前提：人和人是不一樣的。再說了，那些裸辭之後懶散不自律的，哪會好意思拿出來說啊。

奇妙的是，有的人和別人交往時，可以很可靠，因為他十分愛惜自己的羽毛，不允許自己的形象在別人眼裡受損。但對自己嘛，很誠實，把最真實的樣子留給自己，對自己極為不可靠。這樣的人一旦失去外部約束，失去對別人的承諾，就可能變得沒有效率。

很多選擇裸辭的人，一開始都覺得自己無所不能和成本無限，可人力有窮盡時，機會成本也大得嚇人，而最關鍵的是，當初跳出來不難，跳回去，卻不再容易。

投履歷時屢屢受挫，李可怡越來越覺得當初的主業真的很不錯，這就像，本來看好的股票買到手就一個勁兒下跌，以前看不到的弱點和缺點都暴露出來；一旦拋出去，到別人手裡又突然變得那麼可愛。

為什麼以前就沒發現呢？除了距離產生美感之外，更因為角度變了，才看到了原本被忽視的東西。很多本身很有價值的資訊，你沒有看到，是你的認知有限。同樣的事物，當認知改變後，看到的東西、得到的資訊，就會完全不同。

裸辭不是一時爽，正視裸辭的後果

和李可怡一樣，不考慮後果、一言不合就裸辭的大有人在，意願是美好的，無非是獲得更好的待遇，尋求自身更多可能性。

但是裸辭並不是一時爽，更不是一直裸辭一直爽，裸辭之後的問題，你不能無視。

裸辭的後果之一，你曾引以為傲的資深經歷可能完全沒用了。李可怡就是最好的例子，她重新投履歷，要面對從零開始的尷尬局面。原本那些年的工作經歷被忽略不計了。所以裸辭對想要尋求安穩環境，喜歡歲月靜好的人來說，風險太大了。

裸辭的後果之二，回爐重造，青銅和王者要重新定位。裸辭之後再入職，很高的機率會被重新安排從起點出發。由於個人優勢不那麼明顯，往往拚不過同在「起跑線」的新人，留在不上不下的位置。

裸辭的後果之三，人脈資源亟待更新。裸辭意味著職場環境變換，人脈圈當然要重新建立和發展，耗時又耗力。

裸辭向來讓人愛恨交織，愛的是那份自由，恨的是背後的風險。

其實大部分的裸辭，都不是一時意氣用事，肯定有什麼原因讓你無法繼續，或者是工作環境讓你無法忍受，或者是希望自己變得更優秀，既然已經做了選擇，就要把選擇往正確的道路上引導。

第一，裸辭不等於自由，別在自由的幻影裡迷失了方向。

我們對自由的第一個迷思是，總是夢想著有朝一日能擺脫束縛，追尋到真正的自由，但這種解決思路並不奏效。你看那個每日在海邊曬太陽的流浪漢，自由自在，自生自滅，但你未必喜歡他的一無所有。

「自由職業」，重點不在「自由」，而在「職業」，職業意味著專業感的溢出。投資大師查理・蒙格（Charles T. Munger）說過：「成功意味著你要有耐心，又能夠在該採取行動時主動出擊。」裸辭不意味著自由和放縱，而是新的開始，別喪失目標感，好好規劃空窗期，才能為下一份工作做好準備。

第二，兼職和副業備胎轉正，別讓自己陷入財務危機。

沒有什麼能阻擋你對自由的嚮往。裸辭並不可怕，可怕的是你難以維持裸辭後的生活，那種坐吃山空、看著各種餘額的數字一點點減少的感覺實在太不妙了。

任性的底氣大多取決於錢，錢不是裸辭的第一大理由，但裸辭前，一定要好好查查自己的家底可以支撐空窗期多久。必要時可以發展副業或兼職，避免自己陷入財務危機。沒事多存點錢，能提升自己對抗風險的能力。手有餘糧，內心才能不慌。

第三，比起「不要什麼」，更應該想清楚「要什麼」。

很多職場人心態的真實寫照是：即便捧著的是人人羨慕的金飯碗，看到的也都是缺點。

為了逃避工作的缺點而辭職，不但極為不理智，而且還會讓你迷茫。「不要什麼」不能為你指明未來的方向，只有知道自己「要什麼」才是唯一的出路。說到底，裸辭不該是為了逃避那些「不想要」，應該是為自己的「想要」爭取更多時間。

第四，選擇下一份工作時，你有多少主動權。

讓你想離開的，是因為公司不行，還是你不行？

面對難伺候的客戶、不公正的主管、鉤心鬥角的同事，「大不了就辭職」的想法，看起來又爽又灑脫。實際卻是將自己放入了被動、弱勢的地位，因為你在面對下一份工作時，不但無法選擇遇到什麼樣的客戶、主管和同事，還會因為過往的失敗經歷，產生更大的挫敗感。到頭來，你過得好不好、開心不開心，並不取決於自己，而只能寄希望於遇到什麼樣的人。

換游泳池不能解決不會游泳的問題。從邏輯上來說，當你的能力沒有本質的改變時，你換一份工作也不會有本質的改變。裸辭，不應該因為「不能做」，而是因為「不願做」；裸辭，一定是因為你太優秀，這家公司給不了你更好的，而不是因為你無能，無法適應。

「逃跑式」的裸辭，只能一時爽；「通關後」的裸辭，才能一直爽。

第五，找到下一份工作時，你比之前強在哪？

要想走出低谷，拿到心儀的工作錄用，你得讓別人看到你成長的那一部分。這種成長，不一定是在工作經驗和技能上，也可以是透過嚴格自律而獲得的更好的身體和心理狀態、透過冷靜分析而找到了更明確的方向和定位，或者透過不斷學習而增加的知識儲備。

一個成熟的職場人應該明白，跳槽可以讓人獲得一時之快，但是永遠解不開一個人的能力困局。有價值的裸辭，不應是過往糟糕經歷的後續，而應是未來積極生活的前奏。

最讓人想裸辭的三大原因：不開心，薪水低，沒未來。心裡委屈，最讓人崩潰。沒有一份工作不委屈，但工作的目的，當然不是為了受委屈，如果一份工作已經讓你覺得不堪重負，那裸辭可能是讓生活回歸正軌的一種選擇。

對於職場人來說，比嫁錯郎更可怕的莫過於入錯行。但嫁錯郎可能意味著一生的不幸，而入錯行也只意味著一時的彎路而已。如果方法得當，裸辭也能變得更有規劃、更有意義。畢竟，工作的最終目的，不只為賺到錢，也為實現自我，找到實現人生價值的途徑。

但我還是堅持一個觀點，裸辭永遠不應該成為你的首選，尤其是為了跳出「舒適圈」而裸辭，是最壞的一種。

盲目跳出舒適圈的行為就像讓演員去演不適合自己氣質的角色，就是一個字，假。每個演員都有自己的原生氣質，一個角色越貼近你的原生氣質，你也就越有可能把它演活。好的演員不是不斷挑戰不適合他的角色，而是挑選在能力範圍內可以駕馭的角色。

跳出舒適圈固然勇氣可嘉，但跳出去的結果，是打破邊界還是不自量力，還是未知的。詩與遠方，不是傻頭呆腦地閉眼睛滿世界亂走一氣。遠方，是你的思考邊界；詩意，是你對終極認知的表達。

真正的舒適圈是「在某個領域內，一個人表現出舒服、放鬆、穩定、有安全感的心理狀態，能夠用習慣性的行為模式去處理各種情況」。在舒適圈裡的人，應該是如魚得水的，除非這水死了。

當你找到一個得心應手的圈子，最該做的不是盲目跳出去找罪受，而是努力擴大這個圈子，讓自己更舒適。人是追求幸福感的，不是接受挑戰和自己的舒適感較勁的。

比跳出舒適圈更重要的，是知道自己的能力邊界在哪，然後盡可能做好能力圈以內的事。容易的路，並不是不思進取、安於現狀的路，而是你一踏上去就覺得比別人走得快、走得順的路。

人與人之間的風險偏好不一樣，性格決定了賭徒就是賭徒，螺絲釘就是螺絲釘，這就是大多數人的常態。在自己邊界內去做勝任的事，有穩定的收益，有愉悅的情緒體驗。突破邊界有時候真的痛，時間成本、金錢成本、情緒成本，還有一腳踏空了的挫敗感。所以，要管理好自己的預期，瞭解自己的性格、能力、承受力。

舒適圈會變小，跳出舒適圈的目的，是為了在舒適圈變小時給自己更多的餘地。用

心地經營自己的舒適圈，在對抗外在壓力的同時保持它不被縮小，也足夠讓你拚盡全力了。

你不必因為待在舒適圈而感到內疚，畢竟誰會因為北極熊選擇在北極，而不是在夏威夷就責怪牠呢？還有海洋中的深海魚，深海神秘莫測，存在著各種風險，但沒有光線、水壓巨大的深海使得深海魚進化出了各種各樣的能力對抗海底的生活。深海魚不會想要跳出舒適圈浮到海面，因為等待牠們的不是全新的體驗，而是死亡。

下次，如果再有人鼓動你跳出舒適圈，真的要想清楚。我有一個「購物延遲」理論可供參考，我的購物車裡的商品基本上都是提前一段時間就放進去的，為的是用無限延長的思考時間來反覆拷問自己是否真的非買不可。一個長期為買買買剁手懺悔的人，透過堅持原則發現自己竟然可以管住自己，那種成就感帶來的驅動力別提多管用了。

練習18

有價值的運用貴人

——貴人不可便宜用，大材不可小用

遇到可靠的公司和老闆，那是靈魂的滋養，愛心的供養；遇到不可靠的，他身上散發的味道就很熟悉了，霸道的前調，配合糟糕審美觀的中調，還有不講理的尾調，嗯，是要受苦受難的味道。此時，你拿到手的薪水，有一部分自動轉化為道不同不相為謀的精神損失費。

浪費貴人顯得自己廉價

前兩天，我們部門訂了一個攝影棚拍攝短片，結果好巧不巧，攝影棚樓上漏水了，把裡面的布景淹得亂七八糟，短期內是不能用了。

本來我們的預算就有限，一時也不知道去哪找那麼合心意的攝影棚。正好中午我上司瑞秋要和一個影城的老闆吃飯，我提議不如找影城老闆幫忙。

結果被瑞秋否決了，她說：「為了一個攝影棚，就要動用影城老闆這樣的關係，是不是把貴人便宜用了。人家會怎麼想我們公司，肯定覺得我們小家子氣，以後還要和我們合作嗎？」

我聽完連連點頭，貴人是不能便宜用的，不應該浪費大人物的人脈和資源來幫自己辦小事。這不僅是對對方能力的浪費，還是對自身機會的浪費——已經有幸結交了貴人，卻無條件、無原則地消耗貴人，也顯得自己廉價。

貴人不可便宜用，同樣也適用於管理，就是大材不可小用。

一個優秀的管理者，他不會要軍師去砍柴，叫將軍去除草。對於能力強的人來說，就算給了相應報酬，他們也會因為不能施展才華而感到不快，因為沒有用武之地。

就像削蘋果一定要用青龍偃月刀，送貨一定要用坦克，做PPT一定要用總經理，這就是浪費資源。只有讓能力強的員工去做更有挑戰的工作，才能盡可能地提高他們的工作積極性。

不能因為一個總經理的PPT做得好，就讓他做PPT，你說他能不能做，肯定能啊，但這是大材小用。他是被請來管理公司的，不是做雞毛蒜皮的小事情的。對於真正的人才，讓他做與能力不匹配的事情，比少給他工資還難受。

不要讓大人物辦小事，不要把大材用在小地方，大刀不殺雞，留著宰牛，沒有牛就想辦法找牛，濫用大刀，是對資源赤裸裸的浪費。

有些紛爭，看似是員工與員工之間的較勁，其實也是員工和管理者之間的較量。大材小用不可取，同樣，大材往廢了用更糟糕。

職場中，懶惰和落後會傳染，不控制就會擴散，會大大挫傷組織的積極性，團隊士氣隨之低落。因此，公司會想方設法激發員工鬥志。

香港刑案偵查劇裡的警司往往就是一句台詞：「你們好好幹，上頭對這個案子很重視，好了，我有個會要開……」責任快速下放，鼓勵也到位，底下的人也是真的聽話。重點是，案子破了，上司會帶著大家一起享受歡樂時光，然後自己買單。

遺憾的是，有的管理者採取了最難以拿捏的一種：激將法，透過打擊員工以增強其求勝欲，達到為我所用的目的。適度的激將法，可以激發員工的積極度，但過度的激將法，用種種怪招讓員工苦不堪言，很容易把人勸退。

李可怡表妹飯飯所在的公司，為了加快專案進度，提高效率，制定了加班時間排行榜，排行墊底的三名影響年度績效考核。結果，本來不用加班的，也會留下來假裝加班。久而久之，不僅沒有提高效率，反而增加了加班費支出。

公司採用激將法，目的是鼓勵員工積極進取。但單純地以為加班時間等於效率提高，讓員工看到了公司的底線，會導致員工在底線範圍內懶散做事，失去了鼓勵作用。

我本人特別討厭激將法，就像我對責罵教育非常反感，不是不能接受責罵，而是有的責罵是完全為了責罵而責罵。

國中的某一個階段可以算是我人生中的至暗時刻，當時有位老師非常喜歡用言語奚落學生，並非針對我一個人，是無差別奚落。幾乎每天都要聽到類似「你這輩子都不會有出息」這樣的話，心裡非常難受。

這種經歷曾在某一段時間給我留下了很深的影響，如果別人稱讚我好，我是不相信的，至少不信一半。但你說我不好，我就覺得一定是真的，至少信百分之八十。那些以為自己的打擊方式很有用的人，永遠不知道自己的行為會給別人帶來多大的陰影。

真正有效的激勵措施是因人而異和因事制宜的，最後應該是能達到預期效果。

前面說到飯飯公司的盲目加班措施以失敗告終，公司管理層進行了檢討，採用了全新的「重獎勵，輕懲罰」的管理方法。

對於及時發現問題，解決問題，做出突出貢獻的員工，進行全公司表揚並有一定的實質獎勵；而對於犯錯、出現工作失誤的員工，由上司私下談話分析原因，再讓員工以自願為原則向「公司活動基金」捐款，金額隨意，絕對保密。獎金和罰款定期拿出來大家一起美餐一頓或者出去遊玩，不夠的部分由上司包辦。

雖然會受到懲罰，但大家都很樂意接受，每天在開心快樂中結束工作，同時業績數字也好看。激將法為職場人帶來的應該是希望，是成長，而不是絕望。能夠恰當使用激將法的公司，值得職場人為之奮鬥。

能者多勞必須建立在能者多得上

有的公司是不適當運用優質資源，而有的公司是一定要榨乾每一滴優質資源。

一個做平面設計的朋友，曾在一家廣告公司上班，拿著微薄的薪水，操著擔心全公司營運狀況的心。因為能力強，又會手繪，所以很多重要客戶的做圖需求都丟給她做。不僅如此，公司裡其他設計做的圖被客戶否決了，也要找她來補，所以她常常一個人埋頭加班到深夜，有時候她也感嘆：能力強也是有罪的吧，不然為什麼老闆總是以能力強為理由，把各種爛攤子丟過來。

薪水沒漲，身體卻每況愈下。熬了一年多，因為腸胃炎住院了，住院期間，老闆不僅沒有慰問，反而指責她不負責，也是那一刻她對公司心灰意冷了。原來，「能者多勞」是職場上最大的謊言。

我發現有一種現象很有意思：能力越強的人，承擔越繁重的工作；能力越弱的人，玩得越好、下班越早。

有的老闆不給升職加薪，習慣用一句「能者多勞」來打發。結果常常是，「能者多勞」逼走了能幹的員工。能幹的員工，就像家裡的冰箱，在的時候，公司一切運轉正常，你意識不到他有多重要，也不會用心維護。等他走了，你才發現很麻煩，後悔在聽到異常的聲音時，沒有早點拿去維修。

只有心中沒有員工的老闆，才喜歡「能者多勞」，心中裝著員工的老闆，都懂得「能者多得」。有時候拖你後腿的不一定是豬隊友，還有可能是讓人不省心的上司。

之前，網路上有一個新聞，說的是某老闆要求一名設計師一天做出一百五十張產品介紹圖，按照一天八小時的工作時間來算，平均三分鐘出一張圖。員工當然要提出異議，因為根本不可能實現。而老闆則認為自己的要求很正常，甚至覺得應該加班完成，也因為這件事，該老闆成功得罪了全國的設計師。

另一個做設計的朋友之前也遇到了同樣讓人傻眼的主管。

朋友的主管空降到他們部門，是設計的門外漢。因為不太懂設計，常常提出五花八門的要求。主管很無奈，自己提的要求這麼簡單，設計師怎麼就是不理解呢；朋友也焦頭爛額，從專業的角度來看，這些都是根本無法實現的設計。所以，兩個人經常因為溝通上的偏差，互相折磨。

兩個人每天的工作基本上是這樣的：

08：30　你隨便做，你覺得好看就行。

10：00　顏色太濃了，要淡點。

11：00　顏色太淡了，要濃點。

13：00　字太小了，要大點。

14：00　字太大了，要小點。

15：00　排版太俗了，現代一點。

16：00　你到底是不是學設計的？這個不行啊。

18：00　算了，還是改回第一版吧。

雖然兩個人在工作上經常雞同鴨講，但主管覺得朋友的能力還是很不錯，所以經常派給他很多工作。

工作一多，主管提出的要求當然也更多、更雜亂，每天在無數個工作任務和向主管解釋「為什麼不能這麼設計」之間周旋，這讓朋友很崩潰，也讓他的心態逐漸失衡，因為相對於工作的大量增加，自己的回報並沒有更多，這有點讓人心灰意冷。

工作之後，我對「能者多勞」這個詞有了新的理解。以前我覺得多做一點、少做一點其實沒什麼大不了，但其實不應該這樣，這樣非常損耗人的積極性，時間長了，難免在心裡產生疑問：為什麼我要多做一點呢？尤其看到做得少的同事早早就下班了，心理更是產生了落差。

能力越大並不代表責任就越大，如果非要讓有能力的人做得多，那我應該是做得越多，得到的也越多。**付出了別人沒有付出的努力，就應該得到別人沒有的回報，這才是一個良性循環**，而不是一味去壓榨有能力的人，能者多勞必須建立在能者多得的基礎上。

好的領導力會滋養出肥沃的土壤

「能者多勞」之所以刺耳，是因為它只能看到付出，看不到收穫。每個人在工作中都有自己看重的東西，有的為了累積經驗，有的更看重能力拓展，有的是和優秀的人才共事，有的就是單純想要增加收入。

管理者應該傾聽和發現員工的需求，並用對應的「魚餌」，釣出員工的驅動力和積極性，如果一味只強調「能者多勞」，會導致劣幣驅逐良幣。

管理者對能力強的員工最大的誤解就是以為他們好控制，情況恰恰相反。他們反而是容忍度最低的那批人，因為能力強不愁找不到工作。如果公司整體氣氛不好，沒有良好的獎勵機制，能力強的員工就容易有其他心思，想去更好的發展平臺；而平平無奇，沒有什麼技能在手的員工則相反，因為擔心找不到好的下家，所以更傾向於忍受。

管理者不懂得珍惜能力強的員工的精力和時間，不能幫他們處理好工作邊界，一味鼓勵能者多勞，到頭來只會讓他們感到疲憊、憤怒、沒有成就感，最終打擊整體的團隊效率。久而久之，能力強的員工走光了，剩下的就是成堆的庸才。考核制度不好，必然留不住「良幣」。

在職場上，當「逢迎拍馬」被視為理所當然，「勤奮踏實」就會被趕出市場；當「偷奸耍滑」被當作至理名言，「埋頭苦幹」就會被棄之不顧；當「挑三揀四」被視為正常操作，「努力務實」就會被嘲笑不值。

對優秀人才最大的獎勵，就是別讓他們消耗在瑣碎、沒有挑戰的小事裡；別讓他們成為放錯地方的資源，要把他們安置在合適的位置上，讓他們充分發揮自己的價值；別讓他們覺得自己做的事配不上自己的價值，該談待遇的時候千萬別太吝嗇，這樣員工才願意死心塌地跟著你。

員工和老闆，關係未必非常親密，但起碼也是雙向的奔赴。

身為員工，不能指望老闆完全理解你、懂你，要適當會學會向上管理，什麼叫向上管理？就是當老闆有情緒時，你能不能做到不被他干擾，繼續有效率地工作；當老闆提出的要求無法完成時，你能不能管理他的預期，讓他知道，這件事是完成不了的；當老闆質疑你的工作結果時，你能不能給他良好的回饋，證明你在工作中的努力和接下來如何改進。

然後，身為管理者，也別總抱著划算、占便宜的心態。人才的價格和創造的價值往往是成正比的。一個能力強的員工，足以抵得上十幾個平庸的員工。不管什麼行業，人才都是一個公司的核心競爭力。

好的管理者展現出來的領導力，不應該是一根鞭子，讓人因為恐懼而不得不向前衝；應該是一片肥沃的土壤，在這片土壤中，每個人都能找到自己的位置，從中汲取營養向上生長。

練習19

看見別人的好

——每個人都有存在的價值

尊敬主管是禮貌，尊重同事是本分，關愛下屬是美德，重視客戶是常識，欣賞對手是大度。每個認真生活的人都值得尊敬和理解，要容得下別人的風光，也能壓得住自己的囂張。

職場上人來人往，人走茶涼是常態，如果能用真心實意去無限續杯，人心就不會涼。

向優秀的人學習是快速成長的捷徑

我表姐夫是公司的技術棟樑，對公司所有機器的運作都瞭若指掌。之前，分公司有一批機器出了問題，請他去幫忙看一下。

分公司在外地，老闆跟他說：「問題解決了，不用著急回來，反正你也很久沒放假了，趁這個機會出去散散心。」

表姐夫有點擔心：「總公司這邊機器出問題了怎麼辦？」

老闆說：「先讓下面那幾個小的頂著，我看他們也成熟了，讓他們鍛煉鍛煉也好，你就放心玩吧。」

再推辭下去就是不給老闆面子了，表姐夫欣然同意，高高興興帶著表姐出發了。分公司那邊的問題不大，很快就解決了，表姐夫和表姐順利開啟了度假模式。剛開始還怡然自得，休養生息。可沒過多久，他就有點坐不住了。

表姐問他怎麼了。原來，他徒弟和他視訊，問他某個機器這樣修行不行？表姐夫一看，何止是行啊，簡直很厲害，換作是他，也未必能想出這麼好的解決方案。

表姐笑他嫉妒自己的徒弟，表姐夫說：「教了徒弟沒師父當然可怕，但我徒弟厲害，我也高興。只是，我以前一直覺得公司沒了我不行，可現在突然發現公司已經正常運轉快一個多星期了。再這樣下去，我怕自己變成沒用的人了。」

在一個職位久了，難免會產生一絲錯覺，對自我能力的認可和對自己的價值評價過高，覺得自己已經成為某一個領域的高手。但別忘了，你在進步時，別人也沒閒著。眼睛只盯著自己，卻忽視別人可能性的人，很容易把自己當作一塊不可或缺的拼圖。但事實卻是，最稀有的拼圖，也會有可以取代的形狀，再有稜角的石頭，也可能是別人眼裡的碎石。

高估自己的實際水準，往往會給自己打太高的分數。就像拍照之後偷偷加了濾鏡，久而久之就會忘了那不是真實的自己。帶濾鏡看世界沒問題，別騙自己是原圖就好。

在職場待久了，你會發現，即使是你最討厭的同事，身上也有值得學習的優點，你要學會複製身邊的人得到驗證的成功經驗。同樣一件事，你和那個優秀的同事處理方式有什麼不同？每天準時下班的同事，究竟是如何做到不加班的？透過觀察身邊的人處理事情的方式，多問自己幾個「為什麼」，不要眼高手低，心高氣傲，要學會跟優秀的人在一起。

不要每次犯了錯、把事情搞砸，都只會一臉無辜地說：「又沒有人教過我。」向優秀的人學習，是快速成長的捷徑。

肯承認別人優秀的人，往往自己也不會太差。懂得欣賞是追逐的前提，有追逐才會有進步，而不是刻意貶低，強行把優秀的人拉下來安慰自己。能看到別人的優秀，從內心裡肯定別人，這樣才會越走越遠。

要善於學習別人的優點，也要善於從別人的錯誤裡總結經驗教訓。美國知名政治人物愛蓮娜·羅斯福說：「要從別人的錯誤中吸取教訓，畢竟你沒那麼長壽，不可能自己把所有錯誤都犯一遍。」

真正的頂尖高手，不只從自己的錯誤、失敗中學習，他們還會關注別人的錯誤、別人的失敗。查理·蒙格有一個習慣，他會不斷搜集各行各業的失敗案例，並把原因也記錄下來，這是他做決策時會參照的「失敗清單」。

別人在哪裡跌倒了，你要避免自己在那裡跌倒；別人在哪裡吃虧了，你要避免自己吃同樣的虧。我們不只是要從自己所犯的錯誤中去學習，還要學會從他人的錯誤中獲取有價值的資訊。

每個人都有存在的價值，即使是最不起眼的那一個。

分手見人品，離職見格局

最近我爸的一個朋友來我們家吃飯，感慨了一下，說現在的年輕人怎麼沒有以前好騙了！我當時就豎起耳朵，聽他還要說出什麼驚人言論。

原來他公司最近裁了一個試用期馬上要到的職場新人，為了省下那一點點錢。結果人家有理有據，不卑不亢，又是勞基法，又是準備找調解會，一套組合拳下來，他們公司乖乖把錢補上，才順利送人家出門。

聽得我神清氣爽，現在的小朋友都又聰明又智慧，他們年輕，但是他們不是廉價勞動力；他們涉世未深，但是他們並不好騙。我以前對這位叔叔印象不錯，沒想到他是這樣的人，以後我可能沒法好好看待他了。曾經覺得他天生就應該站在光明的角落，現在會懷疑他是不是偷偷在自己周圍撒了一圈乾冰。

現在的年輕人都跟人精似的，很看重自己的價值。而且心裡都很有數，做了多少事，拿了多少報酬；多少付出，換多少回報。你要裁掉我，可以，一切都要遵循等價交換原則。

米蘭昆德拉在《生活在他方》中寫道：「遇見是兩個人的事，離開卻是一個人的決定。這是一個流行離開的世界，但是我們都不擅長告別。」

大師金句，一千個人看過，有一千種解讀。你要說這是愛情的分分合合，確實是這麼回事，但在處於漩渦中的職場人看來，這說的分明就是裁員的是是非非。找我來時，你好我好；要我走時，卻是你一個人的決定。

各位老闆捫心自問一下，當你給眼前的年輕人描繪未來的美好藍圖時，心裡想的確實是美好藍圖，還是暗自高興又捉到冤大頭了？你這點小心思，年輕人早就看出來，只不過大家都體面，不想當面拆穿罷了，挽尊而已。

他們其實心裡很清楚：你許諾我的美好未來，我覺得很美好，但這並不影響我拿我應得的報酬，一邊詩情畫意，一邊拿薪鋤地，兩不耽誤。既要精神鼓勵，也要有物質支持。

對待年輕人，請用心一點。你對他們付出真心，他們怎麼忍心不還你一顆工作的熱心。

這個用心，指的是能教會他們實實在在的現實技能、思考問題和做事的正確方法，幫助他們改正過去的不良習慣，培養清晰的職業規劃認知。這才是他們想要的非常實用的「未來」，而不是公司前途一片大好，明年上市分紅，後年套現走人。

如果以上什麼都給不了，最起碼不要拖欠薪資，因為這是唯一剩下的，能讓他們心甘情願奮鬥的理由。

要說人不是為了薪水去工作，那是謊話，但要說單純只是為了薪水，那又不完全正確，只有當你什麼都給不了他們時，他們才會只向薪水看齊。當談情懷成了耍計謀，談價值也沒有用了，他們就只能每天說服自己一萬遍：拿人錢財替人消災。

真正高明的老闆，都是帶著年輕人一起奮鬥，而不是坐享其成。賺錢了，大家一起分；虧錢了，大家一起承擔：這才是職場上最基本的尊重。

分手見人品，離職見格局，請雙方都保持最初的善良。這是一個流行離開的世界，我們完全可以好好告別。

離職不代表有什麼深仇大恨，只是每個人到了某種階段的需求不一樣了。身為員工，好好做到最後一天、做好最後的交接工作，不在人前說長道短，既是對現在這個公司及這份工作的尊重，也能讓你不帶任何心理負擔地投入下一份理想的工作；身為老闆，發放員工應有的福利，既能展示你博大的胸懷，也能延續你的好口碑，讓你在同一個圈子或者行業享有好聲譽。這樣雙贏的局面多好。

成年人的相處就是一門拿捏距離的藝術

有時候，一想到有些人這輩子再也見不到了，就忍不住笑出了聲。遺憾的是，和前同事再次相遇的機率比遇見前任還要高。除非另一個人人間蒸發了，否則大家一定會江湖再見。圈子不大，盡量好聚好散，否則萬一下次需要合作，誰尷尬誰知道。日久都不一定見人心，何況有些八竿子打不著的關係千絲萬縷，千萬別逞一時嘴上之快。凡事留一線，日後好相見。

好馬吃回頭草這種事經常發生，很多人最後兜兜轉轉很可能回到最初的起點。離職時撕破臉，再相見可不太容易破鏡重圓。

所以，你總是會在未來的職場「偶遇」前公司的同事。這時，你之前留的那一線可能會在未來給你意想不到的收穫。

我小阿姨以前是當模特兒的，當時她的經紀人是虹姐。虹姐捧紅過幾個模特兒，所以在業界的人脈相當不錯。她們有過一段相當和諧的閨密時光，好到什麼程度？可以一起購物到吃土，感情也超越了老闆與員工之間的惺惺相惜。

然而即使是在蜜月期，也可以看出兩人對「事業如何發展」的看法有多不同，每次聊起這個問題，都彷彿雞同鴨講。

虹姐屬於強硬派，通常會要求下屬「無偏差執行」，這樣的人究竟算不算好老闆，主要看跟誰合作。擅於發號指令的經紀人，遇到行動力強的人，二人珠聯璧合，可以開創盛世；遇到性格平和、穩定的人，雙方合作也不錯；遇到家教良好、涉世未深的人，經紀人在合作期間也擁有絕對的權威性。

但如果對方是特別有主見和想法的例如我小阿姨，單單在「誰主導誰」這個問題上，就夠雙方打好幾次架了。

比如小阿姨厭倦了同一種穿衣風格，想換一種風格，但是虹姐堅持認為這個風格才是最適合她的。還有一次，小阿姨的老師推薦她去參加一個公益活動，有助於建立良好的正面形象，但是虹姐覺得這種規模小的公益活動完全沒有意義，而且還不賺錢……這些事情，感情好時像開玩笑。如今回頭看，兩人當時雖然已合作多年，其實早就有意見不合的跡象了。

兩個同樣強勢的人，「不談事業，一起購物」還行，做事業夥伴，各有各的想法，注定很難長久。

事業一直不溫不火，小阿姨對虹姐是有怨氣的，無非是沒有好人脈、沒有好規劃，總之一句話，沒讓她變得更厲害。對她各種限制不說，還讓她孤立無援，好像只有經紀人可以依靠，別人都不行。

所以，後來離開虹姐的小阿姨，就像逃離鳥籠的小鳥，徹底放飛自我了。她還轉行當了經紀人，好像賭著一口氣，就是要做更成功但和虹姐不一樣的人。

自己當了經紀人之後，小阿姨才理解，經紀人其實也蠻委屈的。模特兒小公主和小王子們，各有特點，隊伍難帶，經紀人做得對，是應該；做錯了，一言不合就解約。無論多麼擅長行銷，多會公關，唯一不能保證的是「自己的作品」——模特兒，本身是難以控制的變數。

解約後的兩人，盡量避免正面接觸。有一次，在一個活動上偶遇了。當所有人都以為兩人的再次相見，毫無疑問會是一場核彈級的復仇大戲時，結果一不小心卻上演了溫情而又平分秋色的雙女主大戲。這可太讓人意外了。

成熟的人做事從來都是對事不對人，兩人感慨了往事，還順利談了合作，沒有太尷尬，也沒有狹路相逢的不適感和對抗感。

有些人可能天生不適合朝夕相處或者「好姐妹一生一起玩」的合作方式，但不代表就得老死不相往來，再見面就是火星撞地球。

朋友掰了就掰了，千萬別背後說人壞話，當初好的時候，也為彼此奮不顧身過，別見誰都說對方不好，如果不好的話，當初又怎麼會成為朋友？和你在一起玩時，願意把醜態都暴露在你面前，不是為了讓你以後揭露的。朋友之間反目，那是立場問題，反目之後彼此的言行，那是格調問題。

何止是朋友，其他關係也是，比如曾經一起通宵趕工的同事，不斷磨合並形成默契的合作夥伴，給過你這個新人很多善意指點的主管，他們見證了你的成長，而當你離開之後，留給別人的只是怨言，留給自己的只是一段不堪回首的往事，難道不覺得可惜嗎？

很多事沒有辦法盡善盡美，就算不能再互相取暖了，也完全不必拆臺詆毀。

成年人的相處，就是一門拿捏距離的藝術。既然合則兩敗俱傷，分則各自美麗，那麼聰明又成熟的人懂得換一種模式繼續合作，各憑本事，野蠻生長。

人際關係大師哈維．麥凱說：「建立人脈關係就是一個挖井的過程，付出的是一點點汗水，得到的是源源不斷的財富。」

你現在經歷的很多事情，遇到的很多人，都是你幾年前的選擇決定的。人與人之間的合作和競爭，撕破臉是最低級的形式。能溝通解決的事情，就不要撂狠話。若是能遇到意氣相投的人一起打拚事業，是一件幸事；若不是彼此的歸宿，那也請互相祝福：前程遠大，江湖再見。

練習 20

靠自己發光

——你有什麼本事？你行，你就上；你不行，換下一個

沒有人有耐心停下來等你學會某個「通關技能」，工作中考驗的不是一個人按部就班的能力，而是面對未知狀況，能做到多好。

你行，你就上；你不行，換下一個。只有真正做出成績了，才有辦法挺直腰板。逢迎拍馬的人，儘管一時得逞，但真正能夠經歷風雨而不倒的，只有憑本事做事的人。

離開公司還能混得風生水起的才叫本事

職場中，一個蘿蔔一個坑，大部分人都是可以被隨時替換掉的小小螺絲釘。一旦犯錯，輕則被罰，重則被裁。但有不少人信心爆棚，覺得自己不可替代。殊不知，公司沒了你照樣轉，但是你離開了公司，就像水珠消失在水中，沒有任何影響。

在公司混得如魚得水的人比比皆是，離開公司還能混得風生水起的，那才叫本事。聰明人都知道，**想要成功，先得認清自己。你得分清楚，打在你身上的那些光，哪些是平臺給的，哪些是你自帶的。努力學會自己發光，才能真正不可替代。**

最近，有幾個朋友聯繫我諮詢工作，有的是被裁的，有的是被降薪想跳槽的，有的是擔憂前途想重新規劃的。因為我朋友伊芙是資深人力資源主管，所以他們希望我幫忙牽線。

工作難找，長江後浪推前浪。但是，也有幾個朋友非常淡定，無論環境如何改變，也無法影響他們繼續書寫、升職、加薪的奇蹟。

答案可以說是相當一致：當下危機四伏，公司沒了我不行。就是這麼厲害。

觀察他們的日常動態，就會發現，他們居安思危，不沉溺安逸，每個人都有超強的學習能力，而且都有一樣拿得出手的本事。

很多人執著於能力上的大而廣，想把自己打磨成六邊形戰士，卻樣樣都不精通。低階的廣度，對自己和公司的價值不大，公司本身就是將一群各有特點、各有所長的人聚集在一起，透過合理的資源配置和合作分工，使產出最大化。

自己的缺點，恰恰是另一個人的長處；自己的長處，卻並不突出。沒有突出優勢和特長的人，存在感只會越來越低。做擅長的事，不擅長的事讓別人去做，或者透過合作來解決，在一個領域上不停地深挖，一招吃遍天下，你才能獨當一面。

在任何領域，擁有一技之長是讓你獲得尊敬和認可的最好方式。你有多專業，才能多出眾。

有一技之長是什麼感覺？問答網站上有個回答很簡短，但也很有意思：「總想炒老闆。」當你把一件事情做成專長，從中獲得的絕不只是成就感，更是應對生活的自信。因為你已經掌握了主動權和選擇權，有資格說想說的話，做想做的事，再也不必害怕失業。相反地，如果你沒有一技之長，那陷入危機只是遲早的事。

成年人的生活看似殘酷，但要突出重圍、站穩腳跟也很有可能，無非是找到一個自己喜歡的方向，堅定地去學習，努力地去拓展，直到讓它變成你的專業和特長。當一件事別人只能做到六十分，而你卻能做到九十分甚至一百分時，你自然就會成為稀有品。

有一種穩定，叫不可替代，不可替代性有時候大概等於重要性。公司要留住一個人還是裁掉一個人，首先考慮的就是這個人的重要性，比如你是這家公司唯一掌握某項技術的人，你覺得公司會輕易炒掉你嗎？

要想立於不敗之地，你的實力就是你最好的保護傘。這個世界是靠實力說話的，誰能創造獨一無二的價值，誰就有最大的話語權。哪怕犯了錯誤，如果你實力強勁，也還有逆風翻盤的機會。

能力的升級最終都會成為你的盔甲

無論何時，「不怕失業」才是一個人的頂級能力。

你可能「當下危機四伏，公司沒了我不行」，還隱隱有一種驕傲的情緒在內心湧動。但是別高興得太早，完全而絕對的不可替代性是不存在的，大多數工作沒了誰都能正常運轉。要是努努力，讓自己不能輕易被替代還是可以做到的。

這取決於豐富的專業知識嗎？還是高超的技能？是認真主動的工作態度？還是十分豐富的行業經驗？不全是，在這些表象的背後，藏著一樣非常重要的東西，可以說不論哪個行業、哪個職位，都離不開它，這就是一個人解決問題的能力，也就是填坑能力。

主管最喜歡的不是會拍馬屁、奉承的人，這些只能為他們帶來表面愉悅，帶不來實際價值，他們最需要的是能解決實際問題的人。

比起拍馬屁、裝熟套交情這種表面形式的討好，他們更需要員工能見坑填坑，遇雷排雷，上能開疆擴土，下能隨時替補，能幫他們提升業績表現，讓他們在他們的主管面前有光。

一個深得主管喜愛的員工，絕不只是能哄主管開心，他還能幫主管升職加薪。「我該說什麼話讓主管開心一下」不如「我能幫主管解決什麼燃眉之急」來得更可靠。如果拍馬屁能解決問題，那還要業績幹嘛？嘴上討好只是錦上添花，能解決問題才是真的雪中送炭。

比如我們公司資訊技術部主管，典型的沉默寡言工程師，見到老闆除了打招呼絕對不多說一句，你不問他，他絕對不會主動搭理你。別說討好老闆，就連和老闆應對都不太熱情。但他在技術方面非常厲害，有一次，我們大老闆電腦中毒了，裡面有很多重要的文件。主管三兩下就解決了問題，大老闆高興壞了。

你看，他沒有討好老闆，但老闆還是器重他。老闆確實喜歡眾星捧月的感覺，但他最需要的是能幫他解決問題的人。

艾加．凱磊在《想成為神的巴士司機》裡說：「唯一能確保你不失業的理由，是人們相信你能不負所托。」假如你是一名業務，公司雇你就是要你解決將產品或服務銷售給更多客戶的問題，能夠提升公司的銷售業績，能夠搞定老闆都搞不定的客戶，能夠幫公司節省成本，能夠解決一個又一個難題，並提升團隊的工作效率。

當你能幫公司解決問題，你的價值就表現出來了，而你解決問題的程度越高、速度越快，你的價值就越明顯。

公司沒了你不行是一方面，另一方面你還得做到沒了公司你卻完全可以。

褚威格說：「一個人生命中最大的幸運，莫過於在他的人生中途，即在他年富力強的時候，發現了自己的使命。」

這個使命對孫悟空來說，是保護唐僧西天取經；對薩諾斯來說，是集齊無限寶石，成功彈指來改變地球生態；那麼對於職場人來說，使命就是打造自己的業務能力。

朋友露琪不幸成了失業大軍中的一員，因為她所在的公司是新創公司，去年就難以為繼，苟延殘喘了一年，還是要面臨關門的結局。幾乎沒有悲觀絕望，也沒有哀嘆、抱怨、憤怒，她將履歷重新整理，然後放上網路，很快找到了下家。

裁員的急流中，露琪穩如泰山，絲毫不怕。其實這背後，是她早早就為自己做好了準備。她的專業知識，在行業內是頂尖的，她的業務能力，是不容置疑的，此處不留人，別處也會搶著要。

所以，業務能力是職場中非常重要的能力，也是行走江湖必須具備的一種資格，什麼都能輸，但業務能力不能輸。

所謂業務能力，是即使你是一個跑龍套的，也不能遲到，不能演個死人還眨眼睛。是能把最好的結果呈現，能讓別人覺得你不負所托，也能讓自己不輕易被替代。能在無人注意的地方保持精進，無論被唱衰還是讚美都能繼續前進。擁有既能征服老闆，還能征服甲方的強大力量，是別人搶不走的一張底牌，是你挑戰更多績效指標的籌碼，是你獨一無二的絕技。

「業務能力」不是「專業能力」，不是「優勢能力」，不是其他替代詞。因為僅僅有專業能力是不夠的，比如，你會演電影不夠，你的電影得賣座；你自己開餐廳會做菜不夠，你做的菜要色香味俱全；你會直播賣貨不夠，你還得能夠大量帶貨……追根究柢，業務能力包含兩個標準，一是專業，二是結果。

職場也一樣，你會做廣告不夠，要看你能為公司接到多少個廣告訂單。你在做運營，就不要只說用戶對我很滿意，大家都說好；你要說，大家不僅對我服務的滿意度高，而且轉換率還很高。

光有好評是不夠的，只要說客戶愛聽的，做客戶喜歡的，用盡一切資源讓客戶滿意，這樣的事有什麼難度？結果是，客戶只有滿意，沒有購買，最終業績也會歸零。讓客戶滿意只是基礎能力，讓客戶滿意又消費了才是能在職場江湖立足的業務能力。

同樣地，你在寫文案，就不要說自己的文筆有多好，而要說，你的文案既能打動人，又能增加粉絲數；或者你的文案點擊率高，帶來了多少流量轉換。文案寫得好只是基礎能力，既能寫好又能帶來轉化率，才是有效的業務能力。

類似的例子太多了，沉浸在自己專業能力中的人是不是恍然大悟，為什麼自己很努力，很優秀，但就是晉升很慢？原來不是公司要求你太多，而是你對自己要求太低了。

你以為職場給你的只有挑戰和薪水，其實遠遠不是，向前一步固然是痛苦的，但業務能力的提升帶來的是全新的蛻變，能力的升級最終都會變成你的盔甲，堅不可摧，牢不可破，無人能撼動。

稻盛和夫在他的著作中說：「人哪裡需要遠離凡塵？工作場所就是修煉精神的最佳場所，工作本身就是一種修行。」

要想登上火星，你首先要了解火星；要想成為畢卡索，你首先要了解繪畫；要想隨心所欲，不被規則束縛，首先要知道規則是什麼。誰最先了解規則，誰就有主動權；誰最先強大，誰就有話語權。修煉成更好的自己，才能面對職場中的風霜雨雪，才能在一次次乘風破浪中安而不亂。

希望你在任何難題面前都有喊停的勇氣和不妥協的霸氣，在任何場合都能信心十足地表達「當下危機四伏，公司沒了我不行」。因為你在經歷了考驗和激勵之後，早已成為業務能力一流的高手。

要做這樣的職場人：有一點韌勁，再苦再累也別輕易放棄；有一點狠勁，拚死拚活也要完成這個月的業績；有一點自信，心頭有力，手上有藝，見招拆招，填坑排雷；有一點熱愛，面對複雜真相，保持歡歡喜喜；有一點任性，生活是苦難的，你又划著你的斷槳出發了；還有一點可愛，這世界也許沒有感同身受，但週五的快樂是相通的。

優生活166

練習被看見：在別人看不到的地方努力，在別人看得到的地方閃閃發光

作　　者——徐多多
副 主 編——朱晏瑭
封面設計——李佳隆
內文設計——林曉涵
校　　對——朱晏瑭
行銷企劃——謝儀方

第五編輯部總監——梁芳春
董 事 長——趙政岷
出 版 者——時報文化出版企業股份有限公司
一〇八〇一九臺北市和平西路三段二四〇號七樓
發行專線——（〇二）二三〇六六八四二
讀者服務專線——〇八〇〇二三一七〇五
（〇二）二三〇四七一〇三
讀者服務傳真——（〇二）二三〇四六八五八
郵撥——一九三四四七二四　時報文化出版公司
信箱——一〇八九九臺北華江橋郵局第九九信箱
時報悅讀網——www.readingtimes.com.tw
電子郵件信箱——yoho@readingtimes.com.tw
法律顧問——理律法律事務所　陳長文律師、李念祖律師
印　　刷——勁達印刷有限公司
初版一刷——二〇二二年三月十八日
定　　價——新臺幣三五〇元
（缺頁或破損的書，請寄回更換）

時報文化出版公司成立於 1975 年，並於 1999 年股票上櫃公開發行，於 2008 年脫離中時集團非屬旺中，以「尊重智慧與創意的文化事業」為信念。

ISBN 978-626-335-085-4　Printed in Taiwan

練習被看見：在 人看不到的地方努力,在 人看得到的地方閃閃發光/徐多多作. -- 初版. -- 臺北市：時報文化出版企業股份有限公司, 2022.03
面；　公分
ISBN 978-626-335-085-4(平裝)
1.CST: 職場成功法
494.35　111002060